读懂内心的力量

松弛感
不焦虑的人生

[日]杉浦义典 著　王庆钊 译

いつもの焦りやイライラがなくなる
せっかちさんの本

广东人民出版社
·广州·

图书在版编目（CIP）数据

松弛感：不焦虑的人生 /（日）杉浦义典著；王庆钊译. -- 广州：广东人民出版社，2025.5. --（轻心理丛书）. -- ISBN 978-7-218-18486-9

Ⅰ. B842.6-49

中国国家版本馆CIP数据核字第20250TG337号

Original Japanese title: ITSUMO NO ASERI YA IRAIRA GA NAKUNARU SEKKACHI-SAN NO HON Copyright©2024 Yoshinori Sugiura Original Japanese edition published by Forest Publishing Co., Ltd. Simplified Chinese translation rights arranged with Forest Publishing Co., Ltd. through The English Agency (Japan) Ltd. and CA-LINK International LLC

SONGCHIGAN：BU JIAOLÜ DE RENSHENG
松弛感：不焦虑的人生

[日]杉浦义典 著　王庆钊 译　　　　　　　　版权所有　翻印必究

出 版 人：肖风华

丛书策划：钱飞遥
策划编辑：李　娜
责任编辑：钱飞遥　李　娜　吴　丹
营销编辑：邓煜儿
责任技编：吴彦斌
装帧文创：李　一

出版发行：广东人民出版社
地　　址：广东省广州市越秀区大沙头四马路10号（邮政编码：510199）
电　　话：（020）85716809（总编室）
传　　真：（020）83289585
网　　址：https://www.gdpph.com
印　　刷：广东信源文化科技有限公司
开　　本：787mm×1092mm　1/32
印　　张：6.25　　字　　数：100千
版　　次：2025年5月第1版
印　　次：2025年5月第1次印刷
著作权合同登记号：图字19-2025-014号
定　　价：59.90元

如发现印装质量问题，影响阅读，请与出版社（020-87712513）联系调换。
售书热线：（020）87717307

前言

松弛感

急性子实录:
做事?必须立刻搞定!
等结果?一秒都嫌多!
看到慢悠悠的人?血压直接飙升!
每天的状态:忙成陀螺,累到散架……

没错,这世上的急性子可太多了!
在日本,这种"赶投胎式"的生活早就是常态了。
比如,和周围人相处时,我们总是小心翼翼地观察他人,忍不住想:"他应该不喜欢这样吧?算了,我还是那

前言

样做吧……"结果勉强自己，妥协将就，风风火火，忙到灵魂出窍，最终被焦躁反噬。这样的故事，太过常见。

这么说来，现在的人好像越来越难以互相理解、尊重彼此，反而越来越擅长逼疯自己？不怪乎生活中的"焦虑狂"越来越多了……

此刻拿起这本书的你，是不是也在琢磨："我这急性子，该改改了……？"

或者，你也正被身边那些火急火燎的人折磨到疲惫不堪了。

也许你本来还觉得自己性子挺淡定的，结果一翻书突然膝盖中箭："等等，这不就是我吗？！——原来我在不知不觉间也被焦虑裹挟了啊！"

甚至有人会恍然大悟："难怪那人那么招人烦呢，原来是他成天着急上火的做派在作怪啊！"

急性子不是病，但发作起来很要命——既折腾别人，更折磨自己。

松弛感

尤其是随着年岁渐长,那些年被焦虑透支的"健康债"可能会突然找上门,像账单一样砸过来,让人浑身不得劲。

等你嘀咕着"最近忙到脚不沾地,身体好像有点扛不住了……"的时候,可能身体早已亮起了红灯。

但是,我们究竟在急什么呢?
拼命工作,寒酸的工资却纹丝不动;
熬到退休,微薄的养老金还不够买菜;
咬牙存钱,利息涨得比蜗牛还慢……
税金涨、政策迷,前路茫茫。
既害怕孤独终老,又没有信心结婚生子——这世道,就算加速奔跑,前方等待我们的真是美好明天吗?
既然如此,偶尔"慢点走"也没关系吧?

前言

这本书将从心理学的视角,解剖急躁背后的真相,治愈那些紧绷的灵魂,顺便送上一份"松弛感生存指南"。

如果你想要了解急性子的心理,逐一辨明各种类型的焦虑者;或是渴望找回内心的平静,学几招让急躁的心情淡定下来的技巧,不妨直接翻开你感兴趣的章节,开始你的治愈之旅!

倘若这本书能给你们焦虑的身心松松绑,给这个匆忙的世界踩一脚刹车——

那么,或许大家都能活得更轻盈吧?

目录

松弛感

第1章 焦虑者的生态

干活慢腾腾、遇事犹豫不决的人也可能焦虑？ ／003

焦虑相关的心理学概念 ／005

越焦虑越早死？ ／008

阴谋论支持者和反对者，都是焦虑者 ／010

焦虑的原因竟是拖延症？ ／012

人本来不是急躁的生物 ／013

焦虑的人容易闯大祸？ ／015

焦虑也是千人千面 ／016

真的没办法过悠闲的日子？ ／022

日本是焦虑症重灾区的理由 ／023

"不给别人添麻烦"的精神反而会添大麻烦 ／026

生活便利，急躁加剧 ／028

家庭环境会导致焦虑？ ／031

焦虑的人也能活出松弛感 ／033

目录

第 2 章　焦虑者行为鉴定

事例 1 ｜ 快递指定时间，我可一直等着呢！　／ 037

事例 2 ｜ 聊天一定抢话，我什么都能猜到。　／ 041

事例 3 ｜ 刚进洗手间，立刻拉开裤链！　／ 044

事例 4 ｜ 电梯的"关门"按钮，必须强力连击！　／ 046

事例 5 ｜ 不是爱吃硬泡面……只是不想等 3 分钟！　／ 048

事例 6 ｜ 头发干枯不顺滑……什么？发膜抹上十分钟才能洗？　／ 050

事例 7 ｜ 也没什么急事，就是要开快车！　／ 051

事例 8 ｜ 怎么又成了我的活？我很忙的好不好！　／ 053

事例 9 ｜ 长期关系是啥？下一个会更好！　／ 056

事例 10 ｜ 一切交给命运，最后梭哈一把！　／ 058

事例 11 ｜ 不能不快放！看影视剧必须两倍速！　／ 062

事例 12 ｜ 减肥坚持不了？难以长期抵御诱惑！　／ 064

事例 13 ｜ 终极八卦狂人。来来来，听我和你说……　／ 066

事例 14 ｜ 地铁圈地王者：你们都离我远点！　／ 068

第3章 从"形"入手,战胜焦虑
——行动篇

做或是不做,跟情绪无关 / 073

重金属音乐能治焦虑? / 074

慢慢来最重要 / 076

耐心等待自己的花开 / 077

按时上班,也要按时下班 / 079

无论如何,身体不适就要休息 / 081

尊重自己的身体与心灵 / 083

谁把手机和上司一起带回家? / 085

把快餐店和便利店踢出生活 / 087

吃饭不专心,美食也变味 / 090

吃什么饭都要仪式感 / 091

就要花 2 个小时看电影 / 093

试着读一本在小书店里随机选取的书 / 096

试试慢慢积累才有效果的事 / 098

目录

眼看烟花，还是用手机看？ ／ 101

生活不止社交软件 ／ 102

抓不住的流行 ／ 103

人的生活速度不会变 ／ 105

把自己托付给人类特有的自然速度 ／ 106

幸福感需要"有意识的行动" ／ 108

"幸福荷尔蒙"将改善焦虑感 ／ 110

夜晚切忌复盘 ／ 112

第4章　引入"正念"，展开练习
—— 思维篇

别让"刹车"失灵 ／ 117

关键在于"稍等一下" ／ 118

将意识专注于"当下" ／ 120

"正念冥想" ／ 122

察觉人的特性 ／125

不要让"想"和"做"无缝衔接 ／129

正念不只冥想 ／132

容易掉入"认知偏差"的陷阱？ ／135

不懂？不明白？统统没关系 ／137

人生是由"行动模式"与"存在模式"共同组成的 ／139

人生就是持续不断的"当下" ／140

急躁的人容易发胖？ ／142

一招帮你"脱瘾" ／144

减少"手误"的多任务训练 ／146

第5章 等一等更顺滑
—— 人际关系篇

动不动就"下头"？ ／151

目录

怎么都遇不到好男人？ ／152

人能维持的人际关系是有上限的 ／154

感到疲劳时，要在日程表上留白 ／156

做不到的事就果断放弃 ／157

不是别人太任性，而是自己太着急 ／159

远程办公，缓解焦虑 ／161

特意使用不方便的工具来制造"延滞" ／163

"倾听"不单单是认真听对方说话 ／164

"躁人"发"躁"，速速远离 ／166

看着别人急躁，自己易被传染 ／168

同为急性子，其实合不来 ／169

游戏心理打通人际交往关 ／171

越是依赖别人，越会暴露急性子 ／174

结语／177

第 1 章

焦虑者的生态

急性子给人的印象，总是风风火火，忙忙碌碌。

然而，急躁的性格分为很多种，希望大家不要用"急性子"这一个词就把它们全部囊括其中。

而且，他们的生活以及健康状态也会受到急躁性格的影响。

在这一章里，我先为大家介绍一下急躁群体的多样特征，其中有些特质往往出人意料。

干活慢腾腾、遇事犹豫不决的人也可能焦虑？

"那个人总是风风火火的，真是个急性子啊。"

"我这个人吧，不论什么事，总想着尽快做完，不然就不能安生。"

"看见我行我素的人，我心里就觉得烦躁。"

在各式各样的生活场景中，你是否听人说过类似这样的话呢？

是朋友，是同事，又或是住在附近的熟人？应该有不少人会觉得"我周围急躁的人还挺多的"或是"我自己就是个急躁的人"吧。

然而，从心理学角度来说，凭借大多数人心目中急性子的特征，并不一定能断言某人急躁或焦虑。但"采取某些行为的人"反而拥有焦虑的特质，这是颇令人意外的。

例如，有些人很有决断力，总是提前完成工作。周围的人或许会认为他是个急性子，但如果他只是因为工作效率高才完成得快，那又是另外一回事了。

又有些人却是被来源不明的情绪驱使着工作，他们心里的想法或许是："如果我不能早点完成工作，就会被人视为无能！"那么，他们其实是在焦虑。

另外，还有些人每天都抱着一大堆工作辛苦加班，却又总是无法在规定时限内完成工作。这样的人，乍看之下会让人觉得他们过于松弛，实际上他们的身上却很有可能充分具备了急躁不安的因素。

他们不愿意面对眼前的麻烦或是讨厌的事，于是选择逃避现实，以"调节心情"的借口焦虑地投身到别的事里去了，结果导致他们的工作迟迟没有进展。

从这层意义上来讲,我们不妨认为那些优柔寡断的人也是焦虑者。

也就是说,焦虑是可以被分成许多类型的。

焦虑相关的心理学概念

在这里,我要使用心理学的词汇来列举一些例子。

被"急躁"这个词所代表的,是被归类于"A型人格"的性格。这种类型的人总感觉时间紧迫,有很强的竞争意识,容易动怒。

说得更直白些,他们给人的刻板印象就是个额头青筋暴起、老是心情烦躁的人。

这完完全全就是人们心中"急躁者"的形象吧。

另外,"ADHD"也被认为包含急躁因素。ADHD的意思是"注意力缺陷与多动障碍",而"多动"这一特征

松弛感

尤其与急躁因素相关联。

说得直白些,以"日式歌牌"[1]游戏中忙中出错、指错了牌的"手误"为代表,这类失误在日常生活中也很容易发生。例如,有人一看见写着"数量有限,卖完为止"的标牌,就会觉得"现在不买,就再也买不到了",于是马上出手买下。但是,经过认真思考之后,他又会察觉到"这件商品其实根本没必要买"……

"不能按时完成工作""优柔寡断""ADHD"等特征的人,为什么会也是急躁者呢?你或许会觉得不可思议吧。

"急躁"就像是心理学上的多重概念堆叠而成的大山。在这座名叫"急躁"的大山里,存在着许多不同的要素,催生出许多类型的行为。

---

[1] 日式歌牌:一种传统日本卡牌游戏,以背诵和记忆《小仓百人一首》诗歌为基础,考验反应力和记忆力。

第 1 章 焦虑者的生态

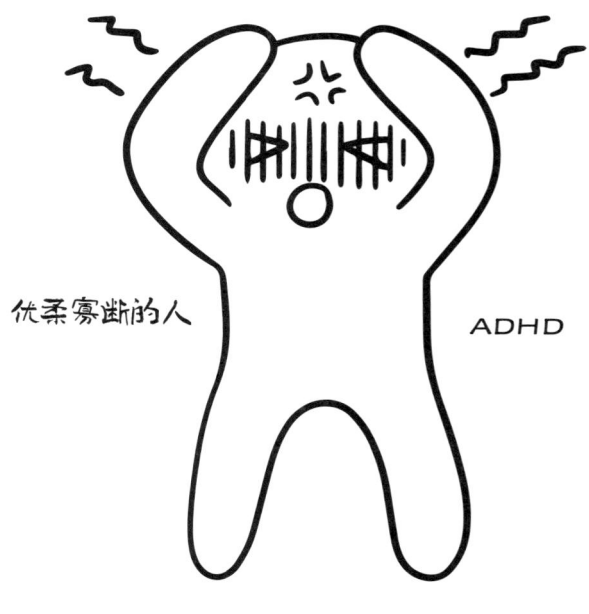

因此，有些人在行为方面并不让人觉得急躁，其实却出乎意料地是个焦虑急躁的人，这种情况并不鲜见。

越焦虑越早死？

焦虑不单单是容易急躁而已。在不同的情况下，焦虑可能会给人的生活、健康，乃至人生都造成不良影响。

例如，我们刚才提到过的"A型人格"，有研究表明如果这种性格倾向特别强烈，则会增加人罹患心肌梗死、心绞痛等疾病的风险。

额头青筋暴起、烦躁地发着脾气的模样，的确很容易让人联想到血管破裂，而实际上这也真的会对血管造成慢性伤害。不过，与寿命相关的不仅是愤怒或烦躁，还有焦虑者的另一大性格特质——"等不得"。

这一性格特质，会对细胞核中名为"端粒"的染色体

第 1 章 焦虑者的生态

的构造造成影响。端粒的作用就像盖子一样，束缚住基因的边缘部分以免它散开。

每一个个体，他的端粒都会随着年龄增长而逐渐缩短。等端粒缩短到无法发挥作用的程度，人类的寿命也就到达了终点。

然而我们已经了解到，愤怒、烦躁、被什么东西追赶着的情绪、消极情绪……若这样的情绪长时间持续，就会加快端粒缩短的速度。

也就是说，"等不得"的人不光容易生病，而且寿命还有可能正不知不觉间逐渐缩短。

阴谋论支持者和反对者，都是焦虑者

除了健康方面的问题之外，焦虑的人在日常生活中也可能更容易惹上麻烦。

第 1 章 焦虑者的生态

首先,他们有一项特征是容易沉迷于阴谋论。从心理学角度来看,容易沉迷于阴谋论的人同时兼具"对不确定性的不耐受"和"消极的紧迫感"这两种性格因素。

所谓"对不确定性的不耐受",指的是人对不确定的事情、未知的事情怀有强烈的不安。

所谓"消极的紧迫感",指的是当消极情绪产生时,人会身不由己地被那种情绪牵着鼻子走。

在他为了"怎么办啊、怎么办啊"而焦虑不已的时候,如果忽然想到"只要这么做不就行了吗",就会立刻把这一想法付诸行动,而无法先冷静地思考这么做究竟对不对、该不该。

也就是说,对于自己不明白的事,他无法置之不理。

如果有人同时兼具这两种性格因素,那么一旦发生什么消极的或令人不安的事,他就会对世间流行的"都怪某处的某人不好"这类说法深信不疑。

换一种类似的说法,也可以说这种人容易患上妄想症。顺带一提，如果有人对阴谋论的批判到了用力过猛的程度，那么他也符合这一逻辑，也有可能是个焦虑者。

焦虑的原因竟是拖延症？

对于自己不明白的事无法放置不理，这种"紧迫感"会导致出现所谓"听牌状态"（只差一张牌就能和了）的急躁行为。举例来说，陷入"听牌状态"的人身上往往存在使人老是加班却无法完成工作的急躁因素。

乍看之下，急性子会给人能够迅速完成工作的印象；然而，如果面前摆着多项工作，他们就会陷入"这个我得做、那个我也得做"的"听牌状态"。

接着，受到"太辛苦了！太麻烦了！"这种情绪的牵引，他就会开始拖延，心想："这项工作明天再做也来得及。"那样一来，结果就是他再怎么加班（其实并没有着手工作），工作也还是做不完。

这就会导致在他身上出现"超长时间工作"的倾向，进而损害健康，导致身体状况容易出现问题。

顺带一提，还有研究报告表明：做作业拖拖拉拉的孩子在长大后会经常加班。

如果离作业完成还有三天时间，这孩子就会定下计划："今天不做了，明天再做吧。"定下计划本来是好事，可到了第二天，他又觉得麻烦，于是心想："要不还是明天再做吧。"结果计划就这么被拖延了啊。

人本来不是急躁的生物

这么说可能令人意外：出轨成性的人也具有急躁的性格因素。

有一个名词叫作"生活史战略"。

举例来说，青蛙会产下大量的卵，进而孵化出大量蝌蚪，但其中能够成长为成年青蛙的只有很少一部分。在此期间，身为父母的青蛙并不会保护和养育自己的后代。这就是"快速生活史战略／R－选择战略"。

与人类相比，这是一种更为急躁的生存方式。

人类的生活史战略是与一名配偶生下若干名后代，并花费大量时间细心养育他们。这就是"缓慢生活史战略／K－选择战略"。

因此，从生活史战略的角度来考虑的话，人类原本并不是急躁的生物。然而，人类中也有无法与一名配偶认真踏实地建立关系、对象换了一个又一个的个体。

可能是出于想要留下众多子孙的本能，可能是因为在配偶身上看到了自己讨厌的一面就想要另寻新欢，也可能是由于单纯的厌倦。尽管心理上的原因多种多样，但我们可以说这也是焦虑者的一项性格特征。

也有研究表明，性格急躁的女性在被男性抛弃后很容易招惹上坏男人。这是因为，跟原本喜欢的男性分开之后，她就会冲动地想要尽快找到下一个男人。

另外，性格急躁的男性则被认为存在更多IPV（Intimate Partner Violence，即发生在夫妇、情侣等亲密关系中的暴力）行为。这是由于他们无法与对方好好建立关系、无法完全压抑自己烦躁的心情，因此动辄出手伤人。

焦虑的人容易闯大祸？

除了容易在男女关系中引发纠纷的人之外，容易沉迷于赌博或毒品的人可能也具有急躁的性格因素。

总是风风火火的急性子们似乎更容易感觉"无聊"。有研究表明，容易感到无聊的人，更倾向于参与那些刺激性、高风险的行为。

另外，这种人更容易被眼前的利益蒙蔽，抱着"下一把可能会赢"的想法在赌局上投入大额金钱；也更容易出于"我现在就想马上获得快感"的冲动而沾染毒品。

为了让头脑冷静下来，需要做到"稍等一下"，而"等不得"也可以算是焦虑者的特征之一吧。

顺带一提，开车时违反限速规定的人，有"路怒症"的人，或是沉迷于在游戏中"氪金"的人，也都属于这种类型。

具有这一性格因素的焦虑者，在生活中容易受到它带来的各种各样的不良影响，例如减肥容易失败、戒烟容易失败、容易积攒压力、容易患上暴食症或厌食症等。

焦虑也是千人千面

那么，焦虑者究竟分为哪些类型，又有多少种类型呢？事实上，尽管我们在这里讨论"类型"，但我们其实

第 1 章 焦虑者的生态

并不能对焦虑进行非常明确的分类。

具有○○因素的,具有△△因素的,具有□□因素的,具有××因素的;进而也有性格中混合了○○因素和××因素的,还有性格中的急躁因素几乎全是△△因素,但也混有少量□□因素的,等等。各种性格因素混合在一起,形成了焦虑的性格。

在这里,我先介绍几种急躁因素的体系,它们是构成焦虑的基础。

"我好像具备这种因素,但是又并不符合对这种因素的描述。"

"这种因素和那种因素,我身上都有。"

我想,大家会各自呈现出不同的焦虑的面貌。请确认一下自己或某人是个什么样的焦虑者吧。

顺带一提,心理学在研究焦虑时使用的是"="后面的那些词汇。

松弛感

【青筋暴起型】= A 型人格

这种类型的人常常感觉时间紧迫,有很强的竞争意识,容易动怒。他们总是风风火火、心急火燎的,给人额头青筋暴起的印象。也可以说,这是最典型的一类焦虑,他们代表了世人通常对焦虑的刻板印象。

【手误型】= 行动的抑制

这种类型的人容易受到环境影响,会因"刹车"失灵而冲动行事。见到诱人的美食就立刻吃下去,猜到别人下句话就忍不住抢先说出来,也就是说,他们常常犯下类似"手误"的过错。

【看重眼前利益型】= 延迟报酬贬值

这种类型的人,比起一个星期后能得到 1200 日元,更愿意选择次日得到 1000 日元。尽管多等待一个星期明显能得到更多的钱,可是他们"无论如何也等不得"。

第 1 章 焦虑者的生态

【非黑即白型】= 对不确定性的不耐受

这种类型的人对不确定的、未知的事物抱有强烈的不安。因此,他们无法对自己不明白的事置之不理,而一旦找到某种结果,则会根本来不及慎重判断是非就妄下定论。他们容易产生妄想,容易沉迷于阴谋论。

【听牌状态型】= 紧迫感

这种类型的人一旦产生消极情绪,就会被那种情绪牵着鼻子走。他们要么被"必须做点儿什么"的急躁情绪驱使而勉强寻求解决方法;要么在发现似乎可行的解决方法后,不经深思熟虑就贸然行动。

【出轨成性型】= 快速生活史战略

"快速生活史战略"指的是像青蛙那样产下大量的卵、孵化出大量蝌蚪,但其中只有一小部分能够长到成年的生存方式。尽管人类本质上应该是采取与之相反的生存方式，可是有些人却无法花费时间与单个对象建立关系，总会朝三暮四或婚内出轨，这些人就属于这一类型。

【"这种事不可饶恕！"型】= 不宽容

这种类型的人把自己的想法和行为当作唯一标准，无法包容与自己有不同想法和行为的人。他们倾向于对稍有失言的人穷追猛打，或是在网络上胡乱发表批判性评论。

【莽撞型】= 无聊

这种类型的人由于常常感到厌倦无聊，总会急躁不安地想要做些什么，因此倾向于寻求刺激、染指高风险事物。也有研究表明，许多这一类型的人容易沉迷于赌博或毒品，在接受禁烟治疗后也更容易复吸。

松弛感

真的没办法过悠闲的日子？

从进化论的角度来看，人类采取的不是"快速生活史战略"，因此原本应该进化为与急性子相反的生物。既然如此，那么人类身上为什么又残存着急躁的因素呢？

归根到底，采取"快速生活史战略"的生物，都要在格外严酷的环境中展开生存竞争。

让我们再来看看青蛙这个例子吧。

青蛙之所以要产下大量的卵，主要是因为天敌众多、食物不足。为了保证青蛙这个物种能够繁衍下去，它们有必要产下大量的卵。

也就是说，采取"快速生活史战略"的生物，如果活得太松弛，就会无法存活；如果不那么急躁的话，就留不下子孙后代了。

这么说来，我们可以认为，仍然残存着急躁因素的人类社会中，也仍然存在"格外严酷的环境"。

第 1 章 焦虑者的生态

在漫长的人类历史中,自然灾害和战争不断重复上演。

入学考试、寻求就职、工作成果与业绩、家庭关系及其他各种人际关系、金钱问题……虽然这些问题并不涉及生死存亡,但每个人都在为了生存而拼命努力。

既然身处于这样的环境中,那么人类也必须保有一定程度的急躁才能存活下去吧。

日本是焦虑症重灾区的理由

话虽如此,但即便不是常常身处于格外严酷的环境中,焦虑也仍然是存在的。

同样在人类社会中,日本人尤其给人焦虑的印象。尽管并没有明确的研究成果予以支持,但我也同样有这种感觉。

以前我在英国的时候,曾经历过一段电车运行时刻表发生严重混乱的时期。于是,你所乘坐的电车明明还没有开到目的地,广播里却传来了"本列车停止运行"的通知。对此,英国人就会淡然处之,类似于"那我们就从这趟车下来,去搭乘那趟车吧"这种态度。

另外,我还遇到过住宿的酒店房间里电话损坏、无法使用的情况。当我把这个情况告知前台的时候,对方也只是跟我说"在那边的十字路口转弯,就能找到公共电话哦"。

在日本,电车必须绝对严格地按照时间运行,只要稍有晚点,就能看见有人表现出不耐烦的情绪。如果电车因为人身事故或受暴雨的影响而停止运行,甚至会有人对着车站工作人员大声怒吼,而日本车站的工作人员还能温柔礼貌地应对那样的人。

在酒店里也是一样。房间里的电话损坏、无法使用这种事,简直是岂有此理,恐怕会有人叫嚷着提出"把住宿费退给我!"之类的要求。当然,在那样的场景中,酒店

第 1 章 焦虑者的生态

前台的工作人员也一定会向住客低头道歉吧。

日本人可能很难理解像英国人那种心平气和的松弛感吧。

那么，让我们把目光转向日本社会，思考一下日本批量产出急躁者的原因所在吧。

首先，有研究认为日本人具有为他人着想的倾向。这种倾向被称为"相互依存的个人观念"，意味着日本人并非独立的个体，而是彼此之间关系密切。

日语中有句话叫作「お互い様」，意思是大家彼此彼此、有来有往，乍一看叫人以为是构筑了和谐良好的人际关系。

然而实际上，由于过分紧密地缠绕在一起，因而人们对待彼此也有分外严苛的一面。正因为对待彼此分外严苛，所以人们才会变得过于在意周围的人，没有办法活出松弛感。

"不给别人添麻烦"的精神反而会添大麻烦

在职场中容易产生"出勤狂热"这一问题，或许其主要诱因正是"不给别人添麻烦"的精神。

所谓"出勤狂热"，是指人即便在身体不适的情况下仍然勉强出勤、坚持工作，结果导致生产效率难以提高。相信很多人都有这种想法：上司、同事或是客户当前，我不能因为身体稍有不适就请假。

如今，人们越来越重视不让人勉为其难的工作方式了。然而直到 20 世纪 90 年代，勉强自己坚持工作的态度都还是一种理所当然的思维方式。

这种被称为"出勤狂热"的现象并不仅仅发生在日本，当然也在世界各地得到了广泛的关注与研究。然而，"出勤狂热"这一词语虽说怎么看都很有日本特色，但它又的确是从欧美地区传来的，尽管那里不太存在"为了公司而勉强自己工作"的意识。

第1章 焦虑者的生态

本来，这个词语即便是产生于日本也不奇怪，但日本大约并不存在"勉强自己工作是异常行为"的想法。

20世纪70年代后期出现的"过劳死"一词，常常被列举为日本"出勤狂热"的一个象征。

"过劳死"这个概念似乎也是日本独有的。为什么这么说呢？因为"过劳死"这个词在英文中没有对应的译法，而是直接使用日语读音，写作"KAROUSHI"。

关于自杀的统计也表明，日本许多人自杀的起因是工作，而在欧美地区，据说极少有人因为苦于工作而自杀。

甚至在昭和时代还有个令人震惊的惯用词汇叫作"周一一二三四五五"，意思是人们在周六、周日也要加班，于是周日成了新一周的周一，而周六成了第二个周五。

日本社会的这一特征长期存在，已经是个很成问题的现象了。有了这样不宽容的社会，那么在日本人中会批量产生"焦虑者"也就不足为怪了吧。

生活便利，急躁加剧

另外，到了现代社会，也仍然存在引发急躁情绪的要素，那就是"便利的工具"。

例如，对于年轻一代来说，生活中尤为不可或缺的是快餐店。在加拿大进行的一项研究表明，人们居住的区域内快餐店越多，就越倾向于不愿花费时间认真品味生活体验。

研究认为，重视速度与效率的快餐店可能会诱发人们的"急躁行为模式"。

在这项研究中，研究者向半数实验对象出示的照片上是快餐店及其提供的食物，向另外半数实验对象出示的照片上则是精心摆放在陶瓷餐具中的食物。

随后，研究者又向所有实验对象展示美丽的风景照片。结果显示，看过快餐店照片的人无法沉下心来认真欣

第 1 章 焦虑者的生态

赏风景照片,幸福感较为低下。

去了快餐店,我们能马上获得美味的食物,快速解决掉吃饭这件事。那里提供的食物是什么味道,我们大致也预想得到。

换言之,在快餐店里吃饭时,我们没有必要花费时间认真品尝食物,这无形中助长了急躁情绪。

还有,我们听音乐或是看电影、刷视频的速度也变得更快了。使用手机或电脑的播放功能时,我们可以马上跳转到自己喜欢的乐曲。

甚至还有不少人跳过前奏,直接去听高潮部分。

看电影的时候也是一样。这些让人不必花费时间耐心等待、可以马上跳转到想听或想看的地方的功能,或许无形中增加了人们身上的急躁成分。

松弛感

第 1 章 焦虑者的生态

家庭环境会导致焦虑？

那么，读到这里，或许有人会持有这样的疑问："急躁性格会遗传吗？""家庭环境会导致焦虑吗？"

站在研究者的立场上，我要先说一句："这跟家庭环境几乎没有什么关系。"

从遗传的层面来讲，我们不妨认为急性子父母生养的孩子也更容易变成急性子。例如，关于同卵双胞胎的外貌与性格十分相似的研究可以佐证——遗传是重要的影响因素。

但遗传涉及概率问题，因而我们并不能断言：父母是急性子，孩子就会长成急性子。

如果你在这方面有什么不安的话，那么我建议你不必在意。

其次是家庭环境。人们通常认为，人的性格会在很大程度上受到家庭环境的影响；然而研究者认为，其实这种影响并不大。

我刚才提到的关于同卵双胞胎的研究中也得出了这样一个结论：即便人在长大之后出现了什么问题，那也并非都源于家庭环境的影响。

最近在心理学的研究与实践中，我们倾向于"不随随便便把问题归因于家庭环境"。

若是当事人因遭受虐待或极度缺乏关爱而引发严重的身心问题，那么有时确实需要对他的家庭环境进行调查研究；若仅仅是性格上存在一点问题，那么是无法通过追溯其家庭环境来解决的。

与之相比，如何让情况得到改善才是更重要的。因此，从心理学的角度出发，我认为不必向家庭环境追问一个人变成焦虑者的起因。

第 1 章 焦虑者的生态

焦虑的人也能活出松弛感

另外,应该还会有人在意这样一个问题:"急躁的性格会不断恶化下去吗?"

我认为,与其关心急躁的性格是否会进一步恶化,不如思考一下是否存在加剧焦虑情绪的环境。

例如,在职场上被不断强制指派大量工作、怎么做也做不完,或是持续受到上司仗势欺人的压迫……在重压之下,焦虑有可能进一步恶化,这是由于人的"消极情绪""紧迫感"和"冲动性"更容易被诱发。

不过也可以说,只要自己的情绪抗压能力变强,就有能力抑制急躁的冲动行为。

而且,人们通常认为焦虑者会随着年龄增长而变得不那么急躁,也就是人们常说的"变得圆滑"的状态。

尽管有不少研究发现人会随着年龄增长而变得圆滑,

但也有人与此相反，随着年龄增长，他们扣制情绪的功能衰退，反而变得更容易引起纠纷。因此，对于人随着年龄增长而变得不那么急躁的现象，我们不能把它简单归因于年龄。

综上所述，请不要认为性格急躁是受到了遗传、家庭环境和年龄的强烈影响，而不妨相信焦虑者通过控制当下身处的环境和情绪，是能够跟急躁这种秉性和平共处的。

第 2 章

焦虑者行为鉴定

世上有各种各样焦虑的人。不光有像自己这样的焦虑者，别人的那种行为居然也有可能是因为焦虑。

因此，本章将介绍一些发生在焦虑者身上的常见事例。

"哦，原来这也是焦虑的特征啊！"

只要明白了这一点，我们在跟自己、跟周围人的相处中，或许能多一些从容吧。

事例 1 ｜快递指定时间，我可一直等着呢！

A 女士："我先告辞了！"

同事："A 女士，今天你不加班呀？难得见你这么早回家啊。"

A 女士："今天有包裹送到，我必须在晚上七点之前到家。大家辛苦了，再见！"

A 女士委托了快递公司在晚上七点至九点之间上门配送包裹，所以她心里很着急，一直惦记着早早回家。

尽管工作还没有做完，但她也很无奈。终于，她想方设法得以在晚上七点回到了家。

七点三十分……还没送来啊……

八点整……还不来……

松弛感

八点三十分……还不来……真晚!

八点五十分!这也太晚了!究竟是怎么回事?!

八点五十五分,门铃响了。

快递员:"让您久等了!您的包裹送到了!"

A女士:"我说,快递员啊,指定时间可是马上就要过了!现在送来会不会太晚了?!我可是从晚上七点就一直等在家呢!你应该早点把包裹送来啊,不然太给人添麻烦了!请你下次注意!"

焦虑之处在这里!

次日达、指定送达时间、人不在家……无论人们如何选择、变更几次,快递公司总会把快递送上门。这样的设计对于消费者来说十分便利,却让快递员们奔波辛劳。听说,每一名快递员要负责配送的货物数量都十分可观。

第 2 章 焦虑者行为鉴定

那么，说回这次的案例：面对卡着指定时间把包裹送来的快递员，A女士大发雷霆。

既然她特意提前放下手中的工作，从晚上七点开始就以万全的姿态等在家里，那么A女士的心情也不是不能理解的。

但是，快递员到达的时间是晚上八点五十五分，卡在了指定时间范围之内，也说不上有什么过错。

A女士本来应该先道一声谢、拿下包裹……可她忍不住把恼火的心情诉诸言语，劈头盖脸地朝对方发泄，那么我们就可以把她归为焦虑者了。

【焦虑成分】青筋暴起（A型人格）

第 2 章 焦虑者行为鉴定

事例 2 ｜聊天一定抢话，我什么都能猜到。

朋友："昨天发生了一件事，把我吓了一跳。"

B 女士："是什么事呀？"

朋友："我在公司里跟人聊天，说起我这个周末要去长野县，参加我表哥的婚礼。谁知，公司里那个跟我关系不错的前辈……"

B 女士："说她也想跟你一起去长野县？"

朋友："不，不是那么回事儿。前辈是说，周末她也刚好要去长野县，而且……"

B 女士："哦，那位前辈是去旅游？"

朋友："不，不是那么回事儿啊。前辈说，她也是为了一场婚礼而要去长野县。"

B 女士："那位前辈要在长野县办婚礼？！"

朋友："不是不是，她说是要去长野县参加朋友的婚礼。然后……"

B女士："难道说，你们俩要参加的婚礼都是在轻井泽的某一间教堂里举行？！"

朋友："唉，对，就是这样。不过，还不止如此……"

B女士："啊？难道说，还是同一间教堂？"

朋友："啊，对，对哦，还有啊，而且呢……"

B女士："难道说，居然是同一场婚礼？！"

朋友："嗯，没错……"

B女士："竟然有这么巧的事啊！真不可思议！"

朋友："对、对啊……"

B女士："听你这么一说，我想起我也遇见过类似的事呢。我去亲戚家玩儿的时候啊，……"

朋友："……"

焦虑之处在这里！

不听人把话说完，跟人抢着说话，提前把人家埋的梗刨出来，这是我们时常会遭遇的一种焦虑行为模式。

第 2 章 焦虑者行为鉴定

在上述事例中，B 女士一边听朋友说话，一边不断地预测接下来的答案并提前说出来："然后，是不是×××了？""一定是×××了对吧！"而且，因为她猜的答案往往不对，所以朋友不得不在讲述中加入"不是、不是的"之类表示否定的话，于是讲述的节奏就完全被打乱了。

对话进行到最后，B 女士却又刚好猜中了那个叫人吃惊的桥段。猜中之后，她又把话题轻轻一转，讲起了自己的事。

她的朋友原本是想要一步步展开，讲讲发生在自己身上的事，讲到最后再亲口揭开那个叫人吃惊的结果。不管是关系多么要好的朋友，不管你多么擅长推理，都应该让人把对话中的重点亲口讲出来，这是基本的礼貌啊。这个场景真叫人想对 B 女士说："你就好好听人家讲吧。""你先等等啊。"

这种"无论如何也不能坚持等到对方把话说完"的急

性子，我们身边应该有很多吧。

> 【焦虑成分】手误型（行动的抑制）

事例3 | 刚进洗手间，立刻拉开裤链！

在公司的洗手间入口，C先生刚好撞见了他的上司。

C先生："您好！"

上司："喂喂喂，小C啊，你这是快要尿裤子了吗？"

C先生："不不不，没有啊。"

上司："那你接下来是有什么紧急会议吗？"

C先生："没有啊，没有会议，接下来就是午休时间了。"

上司："那你，这可还没走进洗手间呢，现在就把裤子拉链拉开，会不会太着急了？"

第 2 章 焦虑者行为鉴定

C 先生:"是吗?可这样就能迅速解决问题,很方便啊!"

焦虑之处在这里!

即便时间上并不紧张,即便并不着急上厕所,可 C 先生还是匆匆忙忙,叫人误以为他情况紧急、非马上解决不可。

如果是在自己家里,那么就算他一边走向洗手间一边拉开拉链,也还可以理解吧。可是,公司的洗手间属于公共场所,这样的做法可就另当别论了。

拉开拉链这个动作,等他站到小便池前面,或是走进厕所隔间之后再做,也是完全来得及的。

而且,当时很可能也有其他人在场,一边拉开拉链一边走进洗手间这样的事,实在是有些素质低下了。

有一种心理评估工具叫作"TPO",是依据时间(time)、地点(place)、场合(occasion)这三个条件进行的。而无视这些条件，毫无意义地提前采取行动，正是我们把这类人认定为焦虑者的原因。

【焦虑成分】手误型（行动的抑制）

事例 4 | 电梯的"关门"按钮，必须强力连击！

机械感的人声响起："电梯门要关闭了。"

咔咔咔咔咔咔咔。

D 先生心想："从进了电梯到电梯门关闭这段时间，怎么说呢，我总是感觉闲得发慌，时间太浪费了啊。"

咔咔咔咔咔咔咔。

D 先生心想："不过，就算我一直连击关门键，电梯门似乎也并不会关得更快啊。"

第 2 章 焦虑者行为鉴定

焦虑之处在这里！

虽说这件事必须跟生产电梯的厂商确认之后才能说得准，不过，我实在不认为电梯的设计中包含了"连击关门按钮可以让电梯门更快关闭"这一项。

即便连击关门按钮真的能让电梯门更快关闭，那也不过是一两秒的差别吧。我实在不认为这几秒钟的时间差会对他接下来的行为产生什么重大影响。

在进入电梯的那个瞬间，人会感觉自己的行动和空气似乎都停止了，因此等待电梯门关闭的那段时间可能会让人感觉格外漫长，然而，那真的只有几秒钟而已。

不如，我们就等上那么几秒钟吧。

[焦虑成分] 非黑即白型（对不确定性的不耐受）

事例 5 | 不是爱吃硬泡面……只是不想等 3 分钟！

当我们讨厌麻烦，既不想做饭又不想出去吃饭的时候，常常就会用泡面将就一顿。

把水倒进水壶，开始加热。

过了一小会儿，水壶还没有发出水烧开的尖锐叫声，于是 E 先生心想："就这样吧，用热水就行了。"

他用厨房计时器设定了三分钟，然后他一动不动地等着：现在就好想吃啊。还有 1 分钟……

E 先生心想："已经差不多了吧？就这么开吃吧。咦？好像有点儿硬。要不我把盖子盖上再等会儿？那又有点儿麻烦。算了，就这么凑合吃吧。"

也罢，肚子吃饱了，那就没问题。

焦虑之处在这里！

我们可以想象，E 先生应该属于那种人：不光是泡面

第 2 章 焦虑者行为鉴定

的三分钟等不了,就连加热便利店买来的盒饭时,也不可能等到微波炉加热完成的提示音响起。

摸到盒饭有点凉,他也不会把它放回微波炉里重新加热,而是将就着把冷饭塞进肚子里。

他明明确切地知道,只要再等一分钟就能吃到更美味的食物……不过,"只要能填饱肚子就行"的想法,倒的确是这类焦虑者的特征之一。

同样地,无法等到水烧至完全沸腾、不做费事的饭菜、吃饭速度快、吃饭时会把食物撒出来……这些行为也都是焦虑的特征。

【焦虑成分】看重眼前利益型(延迟报酬贬值)

松弛感

事例 6 ｜ 头发干枯不顺滑……什么？发膜抹上十分钟才能洗？

随着年龄增长，F女士的头发逐渐变得干枯了。她买来了比较好的发膜。明天是假日。她决定，今晚就来享受一段悠闲的泡澡时光，外加头发护理。

F女士："让我看看，这个发膜的使用方法是'洗发后，擦干水，将发膜涂满全部头发，静候十分钟'，懂了！"

她涂好了发膜，开始等待。泡在浴缸里，她安静地等了五分钟。

F女士："唔……时间太长了！够了吧，冲掉冲掉！"

情况并未改变，F女士的头发依然干枯。

焦虑之处在这里！

世间各种各样的商品，都要按照它注明的使用方法去使用，才能发挥最大功效。

具体到这款发膜来说，就是必须等上十分钟，有效成分才能充分渗透发丝。

难得她认真读了使用方法，难得她在假日前一晚拥有充裕的时间，明明只要再多等五分钟，她就能获得润泽蓬松的头发了……

"仅需稍作等待"却很难做到，这类焦虑者也不在少数。

【焦虑成分】看重眼前利益型（延迟报酬贬值）

事例 7 ｜也没什么急事，就是要开快车！

假日里，G先生没什么事，一个人漫无目的地开车出门。

轰——引擎发动了。

天气也很不错,他开上了高速公路,看样子是打算稍微跑远一点。

轰轰——

G先生似乎来了兴致。他踩下油门,把车速提得越来越快。

轰——轰轰——

G先生心想:"路上也几乎没有别的车,我就跑起来吧!"

疾风在耳边呜呜作响——

G先生心想:"咦?怎么有警车在叫?难道是冲我来的?!"

焦虑之处在这里!

出现这种情况的人,属于"心情极佳时就非要追求极致舒畅不可"的迫切型急性子。

他们不给自己的欲望踩刹车,一味地高歌猛进,在有些情况下甚至容易成为罪犯。

顺带一提,上述事例中的超速驾驶行为属于自己过于开心而沉迷其中的积极性无刹车。

与驾驶行为有关的,还有一种是路怒症。有路怒症的人可能会因为心情烦躁而出现刹车失灵的情况,这也可以被称作消极性无刹车。

> 【焦虑成分】听牌状态型(紧迫感)/莽撞型(无聊)

事例 8 | 怎么又成了我的活?我很忙的好不好!

上司:"小 H,我交代你最晚明天给我的资料,你在整理了吗?"

H 先生:"啊,是的。嗯……明天我会交给您。"

上司:"是吗?虽然不是什么特别辛苦的任务,不过,要是你很忙的话,我也可以让别人去做哦。"

H 先生:"啊,没问题的。我可以做!"

上司交代的工作，截止日期是明天，可H先生好像忘记了。而且，H先生手上还有其他面临提交期限的任务，其实他已经处于工作饱和的状态。

H先生心想："还有A事儿，还有B事儿，然后C事儿也必须得干……这样下去，别人会不会觉得我不能胜任工作呀。我这么能干，交代给我的任务还是得好好完成呀！"

他盯着电脑认真工作了一会儿，但注意力一旦无法集中，他就冒出了这样的想法。

H先生心想："唉，但是话说回来，还是觉得好麻烦啊。这些工作，只要给我一天时间，我就一定能完成！今天再做下去就太烦了，要不明天再说吧。"

焦虑之处在这里！

有些焦虑者会因为同时惦记着好多事而无法按照计划推进工作。

只要开始嫌麻烦，他就会出现把工作向后推延的倾

第 2 章 焦虑者行为鉴定

向。即便被委派的工作已经超出了自己的承受范围,他也会出于"我不想被人觉得无法胜任工作"之类的情绪化想法,很难开口拒绝。结果,他加班的时间就越来越长。

顺带地,他还容易由于自己加班时间长而误以为自己做的工作比别人多,这也是此类焦虑者的特征之一。

【焦虑成分】听牌状态型(紧迫感)

事例9 ｜ 长期关系是啥？下一个会更好！

朋友:"小I呀,你又换男朋友啦?前不久你还在交往的那个男朋友,长得又帅,人又好,明明是个很不错的对象呀。"

I女士:"那个人呀,后来开始在我面前放屁、打嗝了你知道吗!我跟他说别这样,他还一点儿都不肯听!

第 2 章 焦虑者行为鉴定

正当我觉得他那个样子真讨厌的时候,就遇到了现在这个男朋友啦。他既不放屁,也不打嗝,给人的感觉很清爽,长得还很帅,人也特别温柔,目前看来是个满分对象哦。"

朋友:"真的吗?但是你的前男友、前前男友,刚跟你交往的时候也都是被你这么狠狠夸奖的哦。"

I女士:"也对。但是没办法啊,人人都会喜欢更迷人的对象吧?"

焦虑之处在这里!

有人不断更换伴侣,有人出轨,有人在感情方面几乎没有空窗期,这样的人也有很大可能属于焦虑者。

人类这种生物,妊娠期较长,会花费较多时间认真养育少量的子女。因此,人类会花费时间跟一名伴侣认真建立关系。从这层意义上来说,人类原本并不是急躁的生物。

然而，在 I 女士的故事里，她刚在男朋友身上发现一点点自己讨厌的事，就不想再为经营双方的关系做出任何努力了。这时，她一旦发现了条件更好的对象，就会干脆地换人。

虽然也可以说，这么做是出于留存更优质基因的本能，但稍稍放慢脚步，认真寻找可以相伴一生的伴侣，不是更加符合人类这种生物的特点吗？

> 【焦虑成分】出轨成性型（快速生活史战略）

事例 10 ｜ 一切交给命运，最后梭哈一把！

J 先生带着一万日元来到了赛马场。但是等到最后一场比赛开始之前，他手里好像只剩下一千日元了。

是用这一千日元去买赔率高的赛马券，还是……

第 2 章 焦虑者行为鉴定

J先生心想："这个月聚会挺多，生活费好像快要不够用了啊。这回非赢一把不可了！"

J先生毫不犹豫地又从自动取款机里取了一万日元。最后一场，砸下一万日元买入冷门高赔率赛马券！今天一直在输，所以他似乎期待着好运将会在最后降临。

J先生："输了……"

焦虑之处在这里！

适度地享受一点"竞技"的乐趣也不是什么坏事。在这个事例中，J先生原本想好了"今天用来赛马的资金是一万日元"，可是到了最后一场比赛，他的急性子大爆发了。

如果把剩下的一千日元全部押上，结果是这一天的赛马资金全部归零，J先生败兴而归，那么我只会替他感到遗憾，而不会把他判定为焦虑者。

松弛感

第 2 章 焦虑者行为鉴定

我把 J 先生判定为焦虑者的关键点在于,他又去自动取款机取出了追加的一万日元,而且一门心思认定:"最后一把绝对能赢!"

只要他稍微冷静下来想想就会明白,最后一场比赛他也完全有可能会押错,而他追加取出的那一万日元,可是他本来就所剩无几的生活费啊。

可以说,此时的上策就是用仅剩的一千日元来享受赛马的乐趣。

仔细想想吧。金钱可是很重要的哦。

【焦虑成分】听牌状态型(紧迫感)/莽撞型(无聊)

事例 11 | 不能不快放！看影视剧必须两倍速！

朋友："上次提到过的那部电影，在电视上也播放了，你看了吗？"

K 先生："嗯，我看了。"

朋友："画面非常漂亮，而且舒缓的配乐跟剧情真是相得益彰啊。看到最后，我都想掉眼泪了。"

K 先生："是吗？剧情嘛，的确不错。结局呢，我也可以接受吧。"

朋友："小 K，难道你又是把它录下来然后快进着看的吗？你最近很忙吗？"

K 先生："倒也不怎么忙，不过，按照正常速度观看，我总觉得有点儿浪费时间。确实，要是慢慢观赏，就不会有看漏的部分了……

但是，把它录下来用两倍速观看的话就能更快看完，可以更有效地利用时间哦。"

第 2 章 焦虑者行为鉴定

朋友："啊，是吗……但你要是不忙的话，慢悠悠地享受你的观影时间不也很好吗？"

焦虑之处在这里！

一部时长为 2 个小时的电影，就是为了让人花费 2 个小时去观赏，去理解它的主题，最大限度地收获感动。

而 K 先生呢，他虽然明白抽出时间来慢慢观赏是更好的选择，却又做不到抽出时间来慢慢观赏。不出所料，他应该被归类为焦虑者吧。

另外，不光有像 K 先生这样用两倍速看电影的人，据说还有人会先去搜索了结局再去看电影。或许，他们是因为难以应对"不确定性"引发的忐忑，这种表现本质上是属于另一种焦虑。

顺带一提，不少音乐专辑也是按照一定的故事性来编排乐曲顺序的（尤其是音乐以 CD 为主要载体的时代）。

因此，与其打乱顺序去听，不如按照顺序将专辑从头听到尾，说不定别有一番动人心弦的风味哦。

> 【焦虑成分】看重眼前利益型（延迟报酬贬值）/非黑即白型（对不确定性的不耐受）

事例12 | 减肥坚持不了？难以长期抵御诱惑！

虽然正在减肥，但为了奖励努力的自己，L女士决定买一个奶油泡芙带回家，只买一个。

L女士："请给我一个奶油泡芙。"

店员："好的！尊敬的顾客，这边有一款蛋糕是季节限定，仅发售到本周末。您看要不要顺便带一个呢？"

L女士："一看就很好吃！那就来一个吧。"

店员："多谢光顾！"

尽管原先想好了只买一个奶油泡芙，可一听见店员说

"季节限定",她就立刻改了主意。

事实上,L女士每天都在重复这样的事:"只有今天例外……只有今天例外……"

她的体重数字纹丝不动。

焦虑之处在这里!

有的焦虑者,减肥总是不见成效。

这是因为一旦眼前出现了充满诱惑的事物,他们总是会立刻动心,无法自拔,根本抽不出时间来多想一想。

这样的人,不会长期坚持减肥,而倾向于采取极端的方法,追求快速减重。

反过来说,这类人也容易有体重超标的倾向,需要特别注意。

【焦虑成分】手误型(行动的抑制)

事例 13 ｜ 终极八卦狂人。来来来，听我和你说……

妈妈友[1]："我听到流言说，那一家的孩子得了很严重的病，是不是真的呀？"

M 女士："没错，他们家的孩子一直在那边的大型医院住院呢。"

妈妈友："啊？真的吗？"

M 女士："是啊。我还在医院门口碰见过他们呢。"

妈妈友："不过，就算碰见过，也不见得就是在那里住院啊。"

M 女士："绝对是。肯定没错。那位妈妈在外面跟人聊天的时候，样子还挺阳光的，她可太不容易啦。"

妈妈友："你又不是听人家亲口说的，轻易下结论可不太好哦。"

---

1 妈妈友：由于各自的孩子是同学而相识的妈妈们。——译者注

第 2 章 焦虑者行为鉴定

焦虑之处在这里！

不论在哪个时代，邻里间的流言蜚语都很常见。

M 女士这一类人，一旦听到什么流言，也不对内容加以确认，仅凭少量信息就对流言信以为真。

可是，没有根据的话，往往也只是流言而已。

顺带一提，焦虑者也有容易沉迷于阴谋论的倾向。还有些焦虑者，则倾向于非常猛烈地抨击阴谋论。

正因为如此，在那些令人生疑的新兴宗教或是反社会势力群体中，焦虑者似乎比较常见呢……

【焦虑成分】非黑即白型（对不确定性的不耐受）

事例 14 | 地铁圈地王者：你们都离我远点！

N女士心想："够了，别再把你的重心往我身上靠了！下一站我就要下车了，快给我让开！"

这是发生在满员电车中的一幕。接下来，让我们也听一听其他乘客的心声吧。

"我说这位老阿姨，别硬往我这边儿挤啊！"

"还要再开一会儿呢，先别急着动啊。"

"下一站是终点站，大家都要下车的啊……"

"人挤人根本动弹不得，你别扒拉着人往前挤啊！"

"太危险了！我要摔倒了！"

焦虑之处在这里！

在满员电车里，存在着不成文的规则。比如，大家彼此之间相互支撑，好让人即便在电车发生摇晃时也能保持平衡；还有到站时，优先礼让要下车的人。

第 2 章 焦虑者行为鉴定

这个事例中的 N 女士呢,她的想法恐怕是:"电车已经满员了,要是不提前做好下车的准备,等会儿就下不了车啦!""我想抓紧时间下车!越快越好!"所以,她开始在人挤人的电车车厢里移动。

然而,在正在行驶的满员电车车厢里移动,且不说一定会给周围的人添麻烦,还可能带来危险。等到站之后,只要她开口说"不好意思,我要下车",周围的人自然就会给她让出空间,这是日本人的惯常做派。

N 女士由于担心下不了车而感到不安,由于不安而不顾自己给他人造成的麻烦,一心只想早点儿下车,这类人可以把她称作无视周围的焦虑者。

【焦虑成分】青筋暴起型(A 型人格)/ 手误型(行动的抑制)/ 非黑即白型(对不确定性的不耐受)/ "这种事不可饶恕!"型(不宽容)。

第 3 章
从"形"入手,战胜焦虑
——行动篇

就算焦虑者有了改变自己的想法，但他们的急躁性格实在很容易受到刺激。

因此，我推荐焦虑者平复急性子、寻求松弛感的方法，是先从"形"来入手。换言之，比起情绪，不如先尝试在行动上做出一些改变吧。

在心理学上，从行动出发去尝试复健，也是堪称"王道"的方法。因为这不需要做什么复杂的准备，可以从力所能及的事情做起，所以，与其瞻前顾后，不如行动起来吧。

做或是不做，跟情绪无关

即便想要改掉急躁的毛病，很多人也常常会出现类似这样的疑问："我要怎么样才能提起干劲儿呢？""只要有了干劲儿，我就能付诸行动，可是……"

这些疑问的出发点应该是认为，只要那种名为"干劲儿"的能量充到满格，人就会无所不能吧。

事实上，这种"我要怎么样才能提起干劲儿呢""只要有了干劲儿我就能付诸行动"的想法，也是急性子的特征之一。

这反映了焦虑者身上的紧迫感，也就是他们容易被情绪所左右的一面。"干劲儿"＝"情绪"，只要上来了就能行动,也就等于把"情绪"放在了更优先的位置。

然而,做或是不做,跟有没有情绪是无关的。即便有"不想做"的情绪,人应该也是可以"做下去"的。

而且,应该不少人都有过这种经验吧。即便是万不得已而勉强为之的事情,即便做得不情不愿,但只要你实际着手去做,事后就会发觉"稍微取得些进展可真是太好了"。

请不要等到整理好心情之后再开始,先行动起来试试看吧。那样一来,"干劲儿"就会自然而然地涌现出来了。

重金属音乐能治焦虑?

有的人或许会萌生这样的想法:"为了缓解焦虑,要不要去上一些看起来很有松弛感的兴趣班呢?"

第 3 章 从"形"入手,战胜焦虑——行动篇

比如,插花课,或者是茶道课、书法课。

的确,这些兴趣爱好沉静娴雅,给人一种跟焦虑正好相反的印象。

另一方面,重金属音乐、动作类游戏等兴趣爱好,则给人一种会刺激急躁情绪的印象。

但是请注意,在一些情况下,插花或茶道可能会比重金属音乐或动作类游戏更容易刺激到人性格中的急躁成分。

一旦正式开始学习插花、茶道或书法,你必须遵守繁复的礼仪、接受老师严格的传道授业,而你如果越学越好,则会将自己置身于一个竞争激烈的世界。

那样一来,如果你本想要平复急躁情绪,却开始了一项对人要求严格的兴趣爱好,反而会加剧紧迫感,进一步激化了急躁的情绪。

而重金属音乐呢?的确,那样激烈的音乐很难给人"可以带来松弛感"的印象吧。

然而，假设你原本就喜欢音乐，你的目标是："我想要学会用吉他演奏重金属音乐！"

那样的话，只要你每天稍加练习，一点一点累积下去，这就能成为缓解焦虑的方法之一。

慢慢来最重要

当然，我并不是说急性子们不能去学习插花、茶道或书法，而应该把重金属音乐或动作类游戏当作爱好。

再补充一句：我也并不是说，"松弛"就好，"激烈"就不行。

重要的不是"做什么"，而是"能否踏踏实实地认真去做"。

顺带一提，当一个急性子选择着手做什么的时候，可以重点关注以下这几点。

○ 可以自主选择，自行开始；

○ 做的时候能感觉乐在其中；

○ 想要掌握它，做得更好；

○ 持续做下去或许会有新的发现。

获得松弛感的门槛并不高。

绝不是说，你必须特意花费时间和金钱去某一间教室上课才行。只要你在日常生活中选择一些能让自己乐在其中的事做下去，一定就能让你的焦虑程度发生变化，慢慢收获松弛感。

耐心等待自己的花开

话虽如此，也还有几件事情是我想要提醒焦虑者注意的。

首先，如果坚持下去、养成习惯本身给你带来了痛苦，那就得不偿失了。

"不得不做""必须努力"——一旦你在情绪上受到这样的压迫，就容易陷入急躁的"追求"行为模式。

其次，请提防因过度沉迷兴趣爱好而给生活带来困扰的情况。

举个例子，手机里的游戏。有些人或许会为了它花费不必要的金钱，甚至动用必需的那部分生活费。

说到底，如果你为了游戏花钱，那事情就变成了：为了让游戏进展顺利而接受游戏开发者提供的"豪华套餐"。

那样一来，你的做法就跟"自主选择，自行开始""能靠自己去掌握它、做好它"的初衷产生了一些矛盾。而且，请务必留意自己为游戏花钱的限额。

还有一点很重要，就是不要为"不小心做了"的事情而懊恼。

比如，当你难得开始尝试一项兴趣爱好却因为"三分钟热度"退去而告终时，你可能会觉得后悔，心想："唉，我果然还是坚持不下去。"如果你持续这样懊恼，就会被消极情绪牵着鼻子走。

我认为，坚持不下去也没什么关系，就让我们耐心等待，直到重新找到适合自己的美好事物的那一天吧。

按时上班，也要按时下班

"日本人的时间观念很松散啊。"

有的外国人会这样说。

可是，日本人大多数都非常遵守规则和礼貌，日本的各种公共交通工具，尤其是电车，也都是严格按照时间表运行的。放在世界范围来看，日本人也不会给人时间观念松散的印象吧。

那么，这个外国人是因为看到什么，才会认为日本人的时间观念松散呢?

他看到的是日本人的工作时间,其实也就是下班时间。

日本人对待工作一向勤勉努力。我们坐上拥挤得叫人身体不适的满员电车,无论如何都要努力赶在上班时间之前到达岗位。

即便电车出于事故等原因而大面积晚点,车上乘客也不会放弃去上班,很多人会转而在公共汽车站或出租车停靠点大排长队。

或许是为了避免上述这样过于辛苦的上班路程,也有人选择提前很久就到达工作岗位。

尽管如此,日本人对于下班时间的观念却莫名其妙的松散。

到了下班时间,大家也迟迟不离开公司。与其说是松散,不如说日本人下班大大超时,加班严重。

看到这样的工作场景,那个外国人才会认为日本人的时间观念松散吧。

第 3 章 从"形"入手,战胜焦虑——行动篇

既然遵守上班时间是职场规则,那么遵守下班时间也应该是职场规则。如果有人不遵守下班时间,也能被称为"违反职场规则"吧。

从这个角度考虑,我们或许就能从"即便加班也要完成工作"的压迫感中稍稍解放出来吧。

无论如何,身体不适就要休息

即便身体不适也要坚持上班工作,有过这类经验的人应该不在少数吧。甚至有一个叫作"出勤狂热"的名词,专门指代这种即便感觉身体不适也要勉强去公司工作,导致工作效率无法提高的现象。

在这种叫作"出勤狂热"的情况之下,如果有人由于感冒而咳嗽不停、喷嚏不止,那该怎么办呢?对此,不同的人对于是否应该坚持去上班可能持有完全不同的想法。

松弛感

A先生:"要是传染给周围的人就不好了,我还是不要去上班了。"

B先生:"我没有发烧,而且身体也没有特别不舒服,这种程度的感冒怎么能请假呢。"

比起带病上班给周围人造成的麻烦,B先生似乎更为看重自己如果请假不去上班而导致工作停滞,会给周围的人带来更大麻烦;又或者,B先生认为生病请假可能会让别人以为自己既不能管理好自己的健康,又不能胜任工作吧。

这是一类容易被消极情绪驱使的焦虑者。

不过,人之所以会形成这样的思考方式,有可能是因为公司和上司营造出了一种"必须到公司工作"的氛围,也有可能是出于人"自发产生的使命感与情怀"。

我们或许容易认为焦虑成分往往存在于后者身上,但如果考虑到环境也会塑造出焦虑的情况,那么我们就可以说，无论原因是什么，有这种想法的人都能被称为焦虑者。

当新冠疫情在世界范围内大肆流行时，"身体只是稍有不适也不要到公司上班"成了一种社会规则。

如今，如果你感觉身体不适却又想勉强自己去公司上班时，不妨想一想"如果我得的病是当时的新冠肺炎的话……"那你会怎么做呢？

未知的流行病将来也有可能再次大肆流行。如果你感觉身体不适，那不如还是向公司请假比较好吧。

尊重自己的身体与心灵

即便明知向公司请假更好，也会有人认为，一旦请假就会影响自己的工作业绩，"我的骄傲不能允许这种事发生！所以我还是不能请假！"，如果是在竞争激烈的职场中想要保住顶级业绩的话，情况就更是如此了。

顺带一提，应该有不少人对于"骄傲"这个词持有不大招人喜欢的印象，它的使用场景类似于"那个人啊，做人很骄傲的"，或是"我好像不小心伤到他的骄傲了"。

那么，接下来我们就使用"自尊心"这个词吧。自尊心，当然不单单是指不愿服输、争强好胜的情感体验。

事实上，"十分沉着冷静"的状态也是自尊心的体现，说明一个人非常地重视、尊重自己的身体与心灵。

也就是说，如果我们把"即便身体不适，我也不愿接受业绩下滑"的想法看作自尊心的体现，那么"既然身体不适，我要好好保重身体"的想法也应该是自尊心的体现。

如果你能让这种与以往不同的自尊心在心中生根发芽，不就能刹住"无论如何也要到公司上班"的念头吗？

另外，我还要推荐一种"把自己的身体看作一台机器"的思考方式。

机器如果长时间开动也会过热，有的还会自动进入休眠状态。

　　人类的身体应该比机器更加精巧而敏感吧。而且，外人是无法一眼看出我们的身体状况的。自己找准进入休眠状态的时机，这非常重要。

　　正因为你是你自己，所以，除了"我不能接受业绩下滑！""我不能请假！"这种自尊心之外，不妨也多多在意"好好保重自己的身体"这种自尊心，这不也是好事一桩吗？

谁把手机和上司一起带回家？

　　如今，手机几乎已经成为每一个人的必需品，不分男女老少。与朋友之间的联络、购物、查找信息、工作、学习、游戏、视频、音乐、照相机……无论何时何事都能用一台手机来解决，它真是方便的工具。

可是，也有不少人对此感到头痛吧。不论你在做什么，关于工作的邮件和联络随时能通过手机找到你。

明明是自己休假的日子，却怎么都忍不住要去看一眼工作邮件……对于在工作中有合不来的上司或同事的人而言，这种感觉简直就像是下班或休假时，那些人也跟着手机一起被自己带回家了似的。

由于现在的智能手机功能越来越齐全，人们难以在"开机"与"关机"之间自如地切换状态。当它把"快点儿""几项任务同时进行""一边做这个一边……"等信息传递过来时，我们只是看一看都会被刺激得焦虑起来。

如果减少此类刺激，焦虑者就会稍微松弛一些。

不如果断地尝试一下关闭手机电源、不带手机出门等做法吧，说不定这样会让你感觉神清气爽。

第 3 章 从"形"入手,战胜焦虑——行动篇

把快餐店和便利店踢出生活

接下来,我们再聊一聊在日常生活中需要注意的行为。

日本第一家麦当劳是在 1971 年开张的。当时是经济高速增长期,日本人都在铆足了劲儿拼命工作。如今或许已经无法想象,当时每个星期不是休两天,而是理所当然地只休一天,大家星期六上午也认真投入工作,这是一种常态。

在人们那样忙碌的时代,从美国漂洋过海传到日本来的,正是麦当劳的汉堡包。汉堡包的味道对当时的日本人来说应该是很新鲜的,而且汉堡包能快速供应、快速吃完,是一种省时省事的食品。

现在呢,不光是麦当劳,还有各式各样的快餐店遍布大街小巷。在快餐店里,我们可以立刻以便宜的价格吃到美味的食物,的确是非常方便。

说到这里,请想象一下你在生日或纪念日与恋人一起悠闲地外出用餐庆祝的场景。

松弛感

第 3 章 从"形"入手，战胜焦虑——行动篇

你认为你们会在什么样的场所，吃什么样的食物呢？由于年龄层不同，人们的答案或许不尽相同，但想到要花费时间悠闲地享用一餐时，应该没有人会把快餐店列入自己的选项吧？

在快餐店里，我们马上可以想象到自己将得到什么样子、什么味道的汉堡包；因此，在那里就餐与专注地享用食物，这是两种稍有距离感的行为。

本书也提到，加拿大有一项研究表明，人们居住的区域内快餐店越多，就越倾向于不愿花费时间仔细品味生活体验。快餐店被认为或许能够启动人的"急躁行为模式"。

从这项研究出发，我们可以认为，便利店由于囊括了一切生活必需品，十分便利，因此也容易成为刺激急躁情绪的原因。

上下班时尝试选择不易看见快餐店和便利店的路线，也是不让自己的急躁情绪受到刺激的方法之一。

吃饭不专心,美食也变味

在人们的想象中,如果有很多很多钱,喜欢什么就能买什么,想吃什么好吃的都可以放开了吃,那是多么幸福呀。

然而,有这样一篇很有意思的论文。

论文里说,实验对象是 40 名大学生,研究人员先是向他们出示了钱的照片,然后给他们吃巧克力,结果他们吃巧克力的速度加快了。

而且,通过观察他们的样子,研究人员发现他们吃得没那么享受了。

吃东西的速度加快,意味着吃东西的人并没有在仔细品尝食物。而不去专注地仔细品尝食物,就是焦虑的特征之一。

进而,这篇论文还报告了以下发现。

在以 374 名成年人为对象的调查中,研究人员发现,富裕人群对于快乐的感受能力较弱,导致他们的幸福感也随之降低。

论文对此现象给出的解释是:当生活变得奢侈时,人对于微小的幸福就会变得钝感(不敏感)。

的确如此,当人实在没钱的时候,稍微丰盛的饭菜也能让他高高兴兴地仔细品尝,而且他还会觉得特别美味。

当你发觉自己似乎有些焦虑的时候,请在吃饭时收好钱包,细致品尝眼前丰盛的美食吧。

吃什么饭都要仪式感

当你下班后身心疲惫地回家、没有力气做饭的时候,便利店和超市真是能带给人方便。

盒饭、小菜或是泡面,甚至包括餐后甜点,实在是应有尽有。尤其是一个人生活的话,很多人都会选择把这类商品买回家,迅速解决晚饭吧。

但是,那样做仅仅是帮人填饱了肚子而已。如果你在晚饭时,还想着要迅速洗完澡,早早上床睡觉——那么你恐怕并没有在"品尝"你的晚饭吧。

先前已经提到过,为了不要产生急躁情绪,花费时间认真吃饭这件事是很关键的。

假设你平时总是用十分钟时间吃完盒饭,那就请尝试一下,花费二十分钟时间慢慢吃完。如果你觉得二十分钟实在太长了,那么最开始可以把用餐时间比平时多延长五分钟试试看。

仅仅是在吃晚饭上多花了五分钟而已,这并不会对你接下来的生活产生什么重大影响,是不是?

感到疲劳的时候更是如此,请你留意你的盒饭里有哪些食物,它们各自的味道如何,一边细细品尝一边慢慢吃完,好吗?

另外,我还推荐你把买来的小菜装进盘中,漂漂亮亮地摆好后，再开始吃。

比起就着装小菜的包装盒吃，摆好盘再吃一定能让你觉得更美味。我想，这样做能够让人获得一种"我有好好吃饭"的满足感。

即便你忙到只能吃盒饭或成品小菜，也不妨稍微存点心思去享受饭菜、品尝饭菜吧。

就要花 2 个小时看电影

接下来，我们来谈一谈如何对待自己的爱好吧。

有些急性子会用 1.5 倍速或 2 倍速去观看自己租来的电影、录好的电视剧。他们的立场或许是"我只要看明白故事梗概就够了"。

然而，一部时长 2 个小时的电影，并不是"随随便便地制作出来，刚好是 2 小时那么长"啊。

松弛感

在 2 个小时的时间里,无论是悲是喜,是期待还是背叛等等,电影表现的是出场人物的各种情绪与情感,播放的是与之相映衬的影像与音乐。要体验电影中人物的情绪与情感变化,有必要花费 2 小时左右的时间。

为了不要启动急躁行为模式,花费时间去认真感受是很重要的。也就是说,时长为 2 个小时的电影就是希望你花费 2 个小时去观赏的作品。

可是,焦虑的人在家看电影时总会忍不住按下快进键。

对此有一个解决方法,就是去无法按下快进键的电影院里看电影,你觉得怎么样?

看电影的时候,人的情绪会不断随之变化,时而提心吊胆,时而忐忑不安,时而叹息,时而大笑。为了真正感受到这些情绪变化,人有必要付出一定的时间。我想,缩短观看时间是不利于引发那些情绪变化的。

如果你花费 2 个小时去看一部电影,让自己沉浸在起起伏伏的情绪变化之中,说不定就能从电影中收获一些从

第3章 从"形"入手，战胜焦虑——行动篇

未有过的感受或感悟呢。

有些时候，由于故事情节过于无聊，看电影的人可能会感到厌烦。即便如此，也不妨先花两小时去观看，就算最后只能得出"这电影果然还是很无聊"的感想也无妨。

这样的"觉察"也会成为一种训练，让人不那么容易启动急躁行为模式。

电视节目也是一样，不要录下来再跳过广告和片头片尾去观看，而是在它播放时实时观看，让自己无法按下快进键，这样做或许更好。

不光影像作品如此，音乐也是如此。

如今我们很容易就能下载自己喜欢的歌曲，也能从自己喜欢的部分开始听。

但是，如果拿音乐专辑来举例的话，我想许多制作方是按照一定的故事性来编排歌曲顺序的。（也有可能，如今的制作方是在假定听歌的人会跳着听的前提下来编排歌曲顺序的吧……）

请养成这样的习惯：听音乐专辑的时候就从第一首开始按照顺序去听，而听一首单曲的时候则从前奏开始认真听到最后。

还有一个方法，比如在乡下的奶奶家，如果还留存着过去那种快进和倒带都有些麻烦的磁带和播放磁带的录音机的话，可以试试用它们来听音乐，看看会是什么样的感受吧。

试着读一本在小书店里随机选取的书

智能手机里充斥着各种各样的信息，简直像洪水一样汹涌。

但是你会不会感觉，通过手机看到的大量信息，并不能滋养你的人生呢？

这就好像你无论看了多少美食的照片，肚子也不会因

第3章 从"形"入手,战胜焦虑——行动篇

此吃饱一样。

还是要花费时间认真读完一本厚厚的书,才更能让人觉得自身有所收获。

因此,我建议你在外出时不妨随身携带一本纸质书。

乘坐电车的时候,让我们把手机收进包里,用这段时间来读书吧。当你一页一页翻动书页时,或许你会发现些什么,感受到什么,而那些都是用手指匆匆划过的手机里没有的东西。

另外还有一个有趣的方法,就是在街边进货有限的小书店里,信手拈来一本书,尝试把它读完。

或许你读到中途就会感觉这书太无聊了,实在读不下去,想要放弃。可是,一边觉得无聊一边把书读完,也是让自己松弛下来的方法之一。

一觉得无聊就马上放弃的行为,正是焦虑的特征。让我们来养成一种"即便无聊也要把事做到底"的习惯吧。

松弛感

试试慢慢积累才有效果的事

如果想要做一件要求人花费时间、踏踏实实去做的事，我推荐乐器演奏。

当然了，如果你自己并没有想要演奏乐器，想要掌握一种乐器，想要演奏得更好，那我并不建议你勉强自己。

一个人想要把乐器演奏得出色，就要花费不少时间，因此你需要踏实认真地去练习。

正如我在本书中不断提到的那样，那是一种能够让急躁行为模式难以启动的行为，这一点你已经明白了吧？

再有，你能将乐器演奏得越来越出色而获得的实际感受，你能够亲手演奏音乐而收获的丰富的情感，这些也都能给你的急性子带来积极的影响。

而且，我推荐乐器演奏还有一个理由，就是有研究结果表明，演奏乐器的人在72年后，认知功能较同龄人有所提高。

第 3 章 从"形"入手,战胜焦虑——行动篇

松弛感

"72年"的时间,这跟急性子们的秉性完全相反,简直长得叫人翻白眼了,可在英国确实有人进行了这项研究。

孩子长大成人,他们的认知功能当然会不断提高,而且根据养育环境的不同,他们的认知功能发育也会表现出差异。

然而这项研究的结果表明,即便是建立在这样的分析基础之上,有过演奏乐器经验的人仍然发展出了更高的认知水平。

演奏乐器不光可以平复急躁情绪,还能顺带提高认知功能。如果你有兴趣,请务必尝试一下。

第3章 从"形"入手,战胜焦虑——行动篇

眼看烟花,还是用手机看?

说起夏日的压轴好戏,就要数漫天绽放的绚烂烟花了。

最近去看烟花的人常常会发现,映入眼帘的除了天空中绽放的烟花,还有好几台手机屏幕上绽放的小型烟花。

我非常能够理解这些人想要把美丽的烟花清晰地记录下来保存的心情。

然而,眼前在天空中绽放的大朵烟花,透过手机屏幕去看就成了小小一片,这让人不由得感觉有些本末倒置了。

事实上,的确有研究表明,拍摄照片反而会有损人对眼前所见事物的记忆。其原因在于,操作照相机拍照这件事会占据人的注意力。

智能手机是一种容易刺激焦虑情绪的工具。当你看到烟花或其他美丽的事物时,不如把手机收进包里,把眼前的美好收进心底的相册吧。

生活不止社交软件

有些人只要出门旅行或用餐，就会随时拍照发布在社交软件上。通过在社交软件上发布消息，跟各种各样的人共享自己的欢乐时光，这是件好事。

但是，发布的人有时心里或许藏着一些炫耀的心思（例如，"我现在是在这么棒的地方哦！""我是像这样度过快乐而充实的假日的哦！"），又或许他发布后就盼着点赞数不断增加，总之，一旦他心里产生了与人比较的竞争意识，就容易触发焦虑情绪。

越是在这种时刻，越是要记起"自尊心"来——重视自己的内心。自己是怀着怎样的心情在社交软件上发言的呢？请后退一步想想看吧。

说起拍照这件事，我认为使用需要冲印胶卷的照相机去拍或许更好。

这次我拍到了什么样的照片？直到在照相馆领取你

委托他们冲印的照片之前，你都会保持一份期待。急性子所不擅长的"等待"这件事，说不定就这样在期待中慢慢学会了。

抓不住的流行

当你考虑要花费时间踏踏实实做些什么的时候，我建议你尽可能避免选择"流行"。

原因在于，流行的事物有很大概率会很快消失无踪。

究其本质可知，如果打算让什么新生事物流行起来，就得想方设法地让世间尽可能多的人急火火地飞扑上去，追赶那份流行。

举个例子，我们常常在电视播报的新闻里看到人们为了购买最新型号的手机而排起长队的情景。为了让更多人来购买最新型号的手机，企业就必须最大限度地宣扬它的魅力，激发消费者"想要拥有"它的欲望。

于是，"我想最先拿到它！""我得赶紧去店里排队！"消费者心中的焦虑情绪就被煽动了起来。

即便如此，过了一段时间，那个最新型号也会变成旧型号，而配备了更厉害的功能、更有魅力的新型号一定会闪亮登场。这是因为，如果只有特定的商品一直流行下去，企业可就要发愁了。由此我们可以说，"流行"本身就是焦虑的同义词。

当然，如果在流行退去之后，有人还愿意沉下心来花费时间去做这件一度流行的事，那么它本身绝不是什么坏事。

当一种流行开始出现的时候，请不要马上认为"啊！这可真有意思！我一定能一直做下去！"然后就扑上去赶时髦，而是认真思考一下，自己究竟能不能长久地从事它？想好再开始也不晚。

第3章 从"形"入手,战胜焦虑——行动篇

人的生活速度不会变

就像本书先前介绍的那样,我向焦虑者推荐的行为之一,是维持一项兴趣爱好,或是选择一项自己愿意尝试的事,花费时间认真对待它。

"好!那我得干点儿什么!"急性子们或许要开始寻找能作为自己兴趣爱好的培养对象了。然而,如果找不到这样一个对象,他们恐怕反而会开始急躁情绪大发作。

在这种情况下,我还有一个建议,就是不妨试着"随波逐流"。近年来,以人工智能(AI)为代表的信息通信技术飞速发展。过去人类需要花费很长时间才能做好的任务,现在人工智能则能在极短的时间内完成。

如今,什么事都能快速解决,那么人类的焦虑情绪果然还是很容易被引发的吧?然而,无论人工智能多么发达,人类学会某项技能的速度或成长的速度,却没有什么显著的变化。

例如,我们在看电影时,忐忑不安的心情逐渐到达顶点,随后终于松了口气,这样的情绪变化是必须花费一定的时间的。

而且,从人类身体的角度来看也一样。比如,锻炼肌肉原本需要一个月的时间,现在也并不是只要5分钟就能练成啊。一本多数人都需要花费2个小时才能读完的书,我们也并没有进化到5分钟就能读完它吧?

无论感情还是肉体,人类都并不能像啪的一声开灯或关灯那样,让自己突然亢奋或突然静止。

把自己托付给人类特有的自然速度

关于幸福也是一样。无论人类如何进化,难道我们找到了能立刻让自己感到幸福的东西,就从此变得幸福了吗?并没有啊。

第3章 从"形"入手,战胜焦虑——行动篇

这是因为,找到幸福、变得幸福,并不是一件简单的事。

说句题外话,正因为获得幸福并不是一件简单的事,所以在那些有人想要通过药物立刻获得幸福感的故事里,结果往往是后患无穷。

而这也正是想要迅速把幸福握在手中的焦虑者的一种案例。然而,持续使用药物的代价就是,使用者的身体和头脑都会遭到严重毁坏,所以还是应该立刻停止使用药物啊。

综上所述,人类的能力并没有出现大幅进化的迹象。尽管我们可以通过互联网在短时间内获取海量信息,可人类吸收知识的速度并没有因此变得更快。

正因为如此,我才想要提醒大家一件事。

那就是,请尝试顺应人类自然的速度,"顺其自然"吧。

当你沉下心来认真做一件事的时候,当然需要顺其自

然；当你找不到能让自己花费时间认真对待的事时，又或是做事遭遇失败时，也请务必要顺其自然，对自己说一句："算了，过段时间总会找到的吧。"或是"没关系的，过段时间总能成功的吧。"

幸福感需要"有意识的行动"

如果一个人可以沉下心来认真做一件事，可以尽量压制引发急躁情绪的主要原因，他就有了获得幸福感的能力。

对于影响幸福感的主要原因，人们在各种各样的领域内进行过探讨。其中，有一篇研究报告认为，幸福的决定性因素中"环境占10%，遗传占50%，有意识的行动占40%"。

我们应该留意的，是"有意识的行动占40%"这个

第3章 从"形"入手,战胜焦虑——行动篇

部分。

所谓"有意识的行动",也就是一个人的兴趣爱好和喜欢做的事吧。这些有意识的行动,被认为具有可以获得幸福的持续性效果。

另外,所谓的兴趣爱好,是人自发选择并付诸行动的,所以也可以用"自律性"一词来形容。而人一旦开始追求自己的兴趣爱好,逐渐变得越来越擅长,就会获得一种"自我肯定感"。而且,通过兴趣爱好,人与人之间不仅会产生羁绊,还会构建起一种"关系性"。

有研究表明,当人同时具有"自律性""自我肯定感"和"关系性"这三种需求时,就容易产生幸福感。

也就是说,为了获得幸福感,我强烈建议你找到一项让你热爱的兴趣爱好或运动项目,并与伙伴一起参与其中。

从这个意义上来说,那些由于对某件事非常执着、狂热地投入而被称为"发烧友"或"御宅族"的人,应该可

以轻易地具备这三点要求吧。

怀有共同目的的伙伴们，也会经常为了交换信息或在见面会之类的场合里一起活动吧。

即便到不了"发烧友"或"御宅族"的程度，只要你拼尽全力地去做一件事，那不光不会刺激你的急躁情绪，还能让你体会到幸福感，这简直太棒了。

"幸福荷尔蒙"将改善焦虑感

在焦虑的人身上，有一种"一刻也等不得"的特性。

事实上，有研究结果表明，被称为"幸福荷尔蒙"的血清素的分泌一旦减少，人就会变得"等不得"。据称，这并不是由于血清素本身会产生什么，而是它具有让人"想要去做什么"的冲动情绪"等一等"的功能。

顺带一提，制造血清素的材料是色氨酸。它是一种人

富含色氨酸的食品

食品名	成分量（mg/100g）
◎大豆制品	
大豆（分离大豆蛋白）	1200
冻豆腐	750
豆皮	720
黄豆粉	550
◎坚果类	
南瓜子	510
亚麻籽	410
腰果	370
芝麻	360
◎乳制品	
酶蛋白	1100
帕尔玛干酪	590
脱脂奶粉	470
◎海鲜类	
青鱼子	1300
木鱼花	960
飞鱼（熟制鱼干）	930

※建议每日摄取量：每千克体重约4mg
出处：基于文部科学省《食品成分数据库》制作

体无法自行合成的必需氨基酸,必须通过富含蛋白质的食物摄取。

"最近我好像没吃多少蛋白质啊。"如果你这样想,那么,养成积极摄取蛋白质的饮食习惯或许会对你有所帮助。

富含色氨酸的食材包括奶酪、牛奶、豆腐、纳豆、大杏仁、鲣鱼、金枪鱼,等等。

不过,如果一次性摄入过量色氨酸,则有可能让人感觉身体不适。请注意,不要过量摄取。

夜晚切忌复盘

"如何变得幸福""如何圆滑处理人际关系""如何提升自我肯定感",我们常常会看到有这样主题的文章。(顺带一提,严格说来心理学中并没有"自我肯定感"一词。)

第 3 章 从"形"入手,战胜焦虑——行动篇

然而,那些让人觉得恍然大悟的方法,其实有些很容易刺激人的焦虑感。

例如,有一个比较常见的提议是:"为了获得幸福感,我们不妨在一天将要结束的时候,怀着感激的心情写下这一天的日记。"

"感谢日记"对于欧美人是有效果的,但对于日本人则没有。其原因或许在于,这样做可能会让人变得更加焦虑和急躁。

"今天,×××送给我一些点心,说是感谢我一直以来的帮助。×××,谢谢你。今天也是充满感谢的一天。"

假设,你写下了上面这样一篇日记。然后呢,出于日本独特的"有来有往"的还礼习惯,你心里就会马上出现这个念头:"对了,我得还礼啊……"

如果你是一个急性子,那么接下来你心中就会因此冒出"我得赶紧去百货商店买份礼物备好""我也必须快点向对方传达感激之情" 等想法。

松弛感

所以说,最好还是不要去回顾自己的一天。

一旦回想起一天里发生过的事,就会开始发觉其中各种各样的小问题,并开始感到焦虑。

"今天的工作没有按计划进行啊。""我对那个谁说了那种话,太失礼了。""当时我要是能……就好了。"一旦你开始考虑这些事,那就没完没了了。

那样一来,你的大脑被消极情绪所占据、纠缠,导致你躺在床上却再也睡不着了。

一天将要结束了,请你不妨只在上床睡觉时拿出你身为急性子的作风,快快入睡吧。

第 4 章
引入"正念",展开练习
—— 思维篇

当你尝试过那些不让急躁情绪发作的行为之后，接下来请在思维层面去面对你的焦虑吧。

本章将先对导致焦虑的思维与心理稍作解说，随后从心理学的立场出发，介绍"正念"思维。

通过"正念"去观察你的经验，能够让你清楚并掌握自己急躁情绪发作的时机与理由，进而让你变得更善于在急躁情绪将要发作时为自己踩下刹车。

别让"刹车"失灵

如果将人类这种动物比作汽车的话，我们的生活就像是一直踩着油门踏板，并不时通过踩一下刹车来调整状态。

因此，我们一方面要持续踩着油门，另一方面也要调整好刹车，使其处于随时可以启用的良好状态。

举个例子，请你想象一下玩日式歌牌游戏时"手误"的情景。

读牌的人刚开始读一张牌上的诗歌上句，我们就会马上想到"是这张！"并迅速出手去抓写着诗歌下句的牌。结果，正确答案却在另一张牌上。这种失误就叫作

"手误"。

对于接下来的事未加深思就采取行动,这种"冲动性"的代表就是"手误"。有研究认为,引起"手误"的原因在于人类内心的根本构造。

在此情景中,若是人的刹车功能完好,就能制止那只即将犯下"手误"的手。反过来想,若是他的刹车功能不太完好,就会直接出现"手误"。

总之,我们需要掌握的基本技能就是"稍等一下",即"别让刹车失灵"。

关键在于"稍等一下"

那么,"别让刹车失灵"这件事,究竟该怎么做呢?

比如说,明明面前的朋友正在努力倾诉,有些急性子却会忍不住,要么打断朋友的话,要么把话题引到自

第 4 章 引入"正念",展开练习——思维篇

己身上。

在别人正在说话时自己也想说些什么,这种心情并不是焦虑者所独有的,许多人都会有。

"甜食党"的人看见了甜蜜而美味的蛋糕,也常常会冒出"要不我就来一块"的念头。

也就是说,人类这种动物很容易被充满诱惑的事物牵着鼻子走。

然而,不要打断别人的话是社会上通行的礼仪,对吗?即便在对方说话时自己忽然也想说些什么,可大部分的人还是能够给自己踩下刹车,先忍住不说。

处于节食减肥期间,见到美味的蛋糕能够忍住不吃,也是人心里的刹车功能在起作用。

"想把话题引到自己身上""想吃甜甜的蛋糕"……即便你无法打消这些念头,可你只要在开口说话之前、动手吃蛋糕之前的那个瞬间,能对自己说一句"稍等一下",能停下脚步思考一下,这就说明你的"刹车"没有失灵。

顺带一提，对于幼童来说，只要眼前出现了令他感兴趣的东西，那么不论周围环境如何，他就有可能一门心思地朝那个东西冲过去。

这就是人类还没有学会让自己"刹车"的状态。

成年人能够明白，忽然加速跑起来是危险的。这也是因为我们已经成长，比孩童更懂得让自己"刹车"。

而焦虑者呢，只不过是"刹车"稍微有些失灵而已。只要学会在付诸行动之前停下来多想一下，他们的"刹车"也是可以恢复功能的。

将意识专注于"当下"

话虽如此，要想完全理解"别让刹车失灵"仍然是件难事。

而且，有人即便完全理解了这句话的意思，也无法轻易地让自己刹住车,那他就仍然焦虑。因此,我想给大家介绍一种让刹车不会失灵的方法,也就是"正念"。

日本正念学会设立于 2013 年,旨在促进"正念"在科学上、学术上的发展,提高"正念"在实践中的安全性、有效性。日本正念学会对于"正念"的定义如下:

"有意识地关注当下这一瞬间的体验,不加评价,只是在不受束缚的状态下单纯地正视它。"

其中,"正视"的含义包括视觉、听觉、嗅觉、味觉、触觉上的感知,进而也包含这些感知所产生的心理活动。

为了解释得更加简单易懂,我用薯片来打个比方。

很多人都非常喜欢吃薯片。不少人只要打开了包装袋,不一会儿就能咔哧咔哧地吃完一整袋。还有人一次拿出两三片,一起放进嘴巴里大嚼。

或许正因为薯片是一种能够轻易到手、味道也大致确定的美味零食,人们通常并不会慢慢地去品尝它。薯片就是这样一种东西。

所谓"正念"呢,则是这样一种感觉:一片、一片慢慢地去吃薯片,沉下心去认真体会——它是什么味道?什么样的口感?咀嚼时会发出什么样的声音?咬碎之后味道是如何在口腔里逐渐散开的?

如果你尝试像这样去吃薯片,那么或许会发现以前从未注意到的事呢。

也就是说,有意识地关注那个"瞬间"和"当下",就是"正念"。

"正念冥想"

为了感受正念的状态,你可以先从尝试正念冥想开始。

顺带一提,有研究发现人可以通过正念冥想延长与寿命有关的遗传因子"端粒"。研究者认为,它或许可以帮助治愈急躁情绪给身体带来的伤害。

正念冥想不仅可以平复急躁情绪，改善身体的健康状况，说不定还可以延长寿命呢。

接下来我将要介绍"正念冥想"的方法，请先读上一遍，然后慢慢闭上眼睛，尝试着做一下吧。

【正念冥想】

1. 请在椅子上坐好。

身体不要过于用力，也不要过于放松，找到一个恰到好处、能让自己舒服的坐姿。

可以穿着鞋子，也可以不穿鞋子。将两只脚平放在地板上。

2. 保持现在的状态，关注自己的呼吸。

我们的身体，不论在睡眠中还是清醒时，都在不间断地吸进和呼出空气。请专注于空气在自己的身体里自然地进出。

没有必要进行特殊形式的呼吸。自然的呼吸、深呼吸或是腹式呼吸都可以,请认真感受空气的进出吧。

3. 请持续专注于自己的呼吸,包括自己的腹部、肩部、胸部是如何随着呼吸而动的。

或许有时你会不太明白"呼吸"究竟是什么感觉,那就请你连同这份"不太明白"的感受一并关注,继续专注于你的呼吸。

4. 当你专注于自己的呼吸时,或许你会忽然发觉自己在思考与呼吸完全无关的事。

这种时候,请你察觉到:"哦,我现在的意识在那里。"然后,再次把意识转回到呼吸上来。

5. 将"一吸一呼"作为一个组合,请从一数到十。

数到十之后,请再回到一。如果你忘记自己数到哪里了,就请再从一数起,继续保持呼吸。

6. 请慢慢地张开眼睛,动一动你的身体。

突然起身有可能会引起眩晕。请你仍然坐在椅子上,伸个懒腰,握拳再松开,用自己喜欢的方式做一些能让自己神清气爽的动作吧。

要持续做几分钟，要从一数到十多少次，这些都是没有严格规定的。刚开始只做 5 分钟也好，总之不妨先试试看吧。尝试一定时间之后，请缓慢地结束正念冥想。

另外，我推荐你在身体状态良好、充满活力的时机开始尝试正念冥想，请不要选择身体欠佳、心情低落、疲劳感明显的时候开始。

察觉人的特性

从某种意义上讲，正念冥想就像是一场以自己为对象、独自进行的心理学实验。

通过尝试正念冥想，你得到了什么样的感想和体会呢？

从一数到十的时候，你有没有过数着数着忘了自己数到几，或是一不留神数到了十一、十二、十三的情况呢？

松弛感

活动你的身体。

126

第4章 引入"正念",展开练习——思维篇

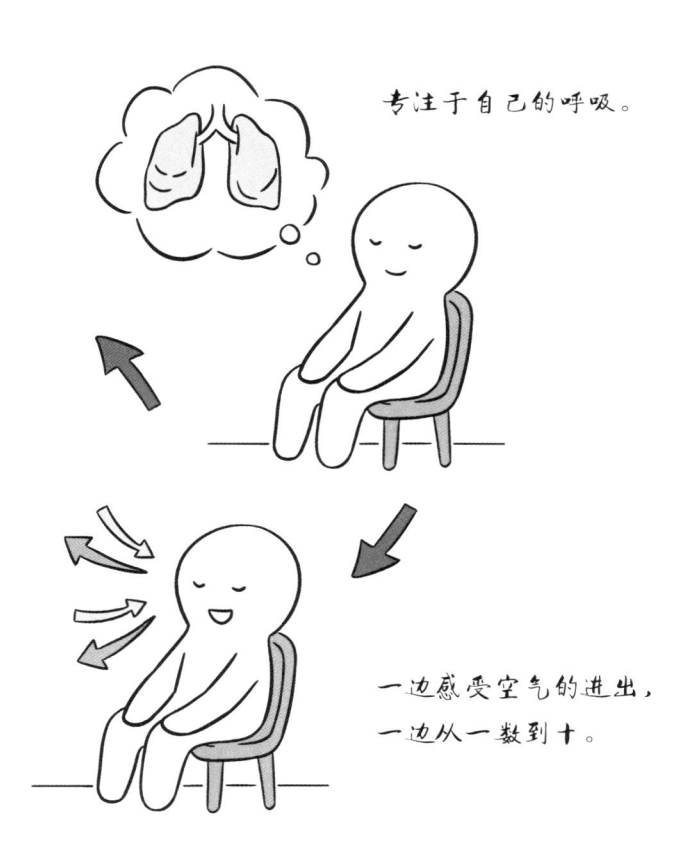

专注于自己的呼吸。

一边感受空气的进出,
一边从一数到十。

松弛感

或者,你有没有因为想起与呼吸完全无关的事而把意识从呼吸这件事上转移了呢?

能够完全做到"只专注于自己的呼吸"的人,恐怕少之又少吧。

"请仅仅专注于自己的呼吸。"即便收到这样的指令,即便只需要保持很短时间,可人的意识就是会转移。

让你重复从一数到十,也是为了明确这一点。可以说,人类的注意力的特性就是无法长时间停留在一点上,很快就会移动,无法一直持续。

对于人类的这种特性,你是否至今从未加以思考呢?让人察觉那份专注和意识是多么容易迅速转移,这就是正念冥想。

第4章 引入"正念",展开练习——思维篇

不要让"想"和"做"无缝衔接

情绪直接导向了行为——这种"紧迫感"的出现不光是焦虑者的特性,即便你不是个焦虑者,也有可能不知不觉地产生一些消极的念头或情绪,这是无可奈何的事。

然而在正念冥想中,人在察觉到"我的意识转移了"之后,是可以再次将自己的意识转回到呼吸上去的。

因此,通过练习正念冥想,你可以逐渐变得不再那么容易被忽然冲上脑门的情绪牵着鼻子走,变得更善于抑制自己的冲动行为。

正因为如此,它才能够成为焦虑者"别让刹车失灵"的要点。

换句话说,也就是请你在从前不知不觉就采取的那些行动之前留出"间隙",让想法不那么容易直接导致行为。

你会更能看清自己的头脑中正在发生什么,不会轻易

松弛感

在"想法"与"行动"之间留出"间隙"

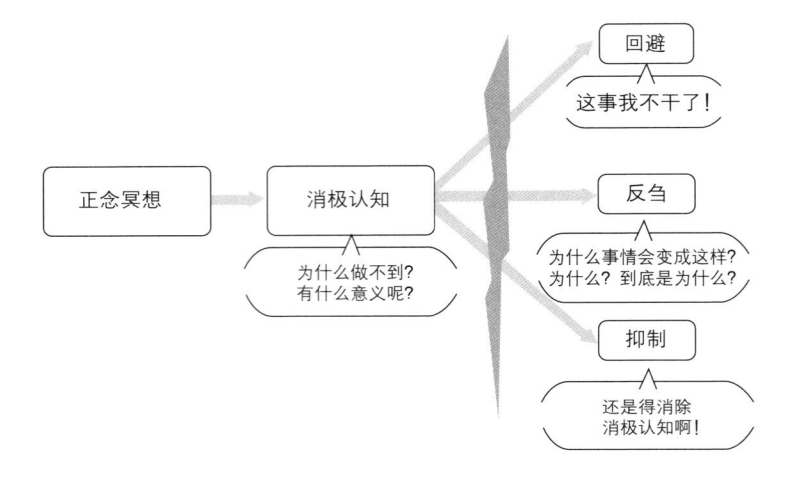

```
正念冥想 → 消极认知 →  ┬→ 回避
                              这事我不干了!
           为什么做不到?
           有什么意义呢?   ├→ 反刍
                              为什么事情会变成这样?
                              为什么? 到底是为什么?
                          └→ 抑制
                              还是得消除
                              消极认知啊!
```

第4章 引入"正念"、展开练习——思维篇

被情绪牵着鼻子走,始终保持这样一种意识:"如果现在想回头,我是可以回头的。"

那么即便消极的情绪冲上脑门,你应该也能自然而然地消解它。

"只要能在念头和行动之间留出一点'间隙'就行了。"如果你能觉察这一点,你的生活和行为就都会变得松弛许多。

正念冥想这个方法并不是为了消除急躁情绪或消极情绪,而是为了让人学会觉察到"现在我在关注这个""好无聊啊"等念头。

只要能够觉察,你的"刹车"就不那么容易失灵了。

请允许我再重复一遍:正念冥想是"觉察"的开端。通过练习正念冥想,你被急躁情绪或消极念头所烦扰的程度应该会有所减轻吧。

正念不只冥想

为了观察正念的状态,我推荐的方法是闭上眼睛,专注于呼吸。

不过,所谓冥想是让心平静下来,其重点是进行"观察"的练习,所以除此之外,方法还有很多。

接下来,我要再介绍另外几种练习方法,与刚才已经介绍过的方法不同。如果你有兴趣,不妨一试。

【葡萄干练习法】

1. 将一粒葡萄干放在手掌上。

2. 观察你手掌上这粒葡萄干的颜色、大小和闻它的气味,感受它给你的手掌带来的触感。

3. 用手拿起葡萄干,慢慢地送进嘴里。

4. 观察葡萄干碰到嘴唇那个瞬间的状态。

5. 把葡萄干放进嘴里,体会它的味道和口感。

6. 缓慢地咀嚼，体会葡萄干是怎么发生变化的。

7. 缓慢地吞咽，体会葡萄干通过喉咙的感觉。

葡萄干练习法，用茶或薯片来进行都是可以的，不过心理学上通常使用的是葡萄干。

理由大概是因为它没有特殊的香气，既不特别甜也不特别辣，没有华丽的颜色，体积不太大也不太小。这是让人通过认真品尝这样一种没有什么特征的食物而获得"觉察"的良选。

【慢走练习法】

1. 立正站好。

2. 用尽可能缓慢的速度，开始走路的动作。

3. 一边缓慢地抬起右脚，一边把意识集中到这个动作和重心的移动上去。

4. 将脚底按照从脚跟到脚尖的顺序，缓慢地落在地面上。观察脚贴在地面上的感觉。

5. 左脚也做出同样的动作并加以观察。

这是一种将意识专注于"走路"这一动作的练习方法。请用尽量缓慢的速度移动你的脚,并加以观察。

迈出右脚,脚后跟先着地,再迈出左脚,手则是跟脚不同侧的那只向前摆动……通常,我们在走路时并不会意识到这些。观察这类平时意识不到的动作,确认手和脚的感觉,这也是正念。

顺带一提,如果你在公园或公用道路上做这个练习,可能会被别人当成怪人,所以还是在人少的地方或自己家里进行吧。

【身体扫描练习法】

1. 在椅子上坐好,两只脚底贴住地面。

2. 将你的意识专注于右脚的脚底和脚尖、左脚的脚底和脚尖的感觉上。

3. 体会你的脚踝和膝盖附近是什么感觉。

4. 感知皮肤与衣服接触部分的触感。

所谓身体扫描,就是把意识专注于身体的不同部位,去体会它们分别有什么样的感觉。"什么感觉也没有",也是一种感觉。

容易掉入"认知偏差"的陷阱?

有一个词叫作"认知偏差",它指的是人类在对事物加以判断的时候,会根据自身以往的经验、自以为是的想法或固有观念,做出不合理的判断。

认知偏差有不同的种类,例如"只收集与自己的想法相符合的证据,从而把自己的想法正当化",或是"从很少的证据出发,一下跳到结论"等等。

例如,以下这个事例就属于从很少的证据出发,一下跳到结论的认知偏差,也被称为"跳跃抵达结论(jumping to conclusion)"。

在离自己家最近的车站周围有几家超市。你总是在离车站最近的那家超市购物。有一天,超市里的大袋迷你西红柿正在特价出售。你被低廉的价格吸引,买了一大袋迷你西红柿回家。

可是等你到家打开了袋子才发现,靠近袋子底部的一个西红柿已经发霉了。你心想:"刚买回来的西红柿居然发霉了!真是不敢相信!那家超市的品质太差了!我再也不会去那儿买东西了!"于是从那以后,你就换到别的超市去购物了。

应该有不少人经历过像上述这样的事吧,刚买回家的蔬菜或水果就有部分坏掉了。不过,有人会选择放弃,觉得"哎呀,吃了点儿小亏"或是"算了,生鲜食品出现这种情况也是在所难免"；有人会选择维权，到超市去说明事情的来龙去脉，要求换货。为了平息这件事，如果你采取的行动大约是这种程度（前述维权、换货等），那么无论哪种选择都是无可厚非的。

而事例中的情况呢，只是因为一大袋迷你西红柿中有一个发了霉，就得出了"那家超市的全部商品都有质量问题"的结论。

或许你会认为这是个非常极端的事例，但人们在产生了什么误解或遭遇了什么失败的时候，的确很容易像这样，在不知不觉间被各种各样的认知偏差所操控。

不懂？不明白？统统没关系

这种认知偏差也往往是"容易沉迷于阴谋论"的焦虑者的特征。

松弛感

每当发生了什么问题,他们就会开始焦虑,不知道如何是好。一旦听说或是想到了什么解决办法,还没等判断它正确与否,他们就忙着把那个办法付诸行动了。即便那是个"阴谋",他们也极有可能深信不疑。

焦虑者往往不顾事情还不清楚、尚未确定就直奔结论,他们没有办法对自己不明白的事情置之不理。

正如第130页的图表已经说明过的那样,正念可以让人在"尚未得出结论"这一消极认知与随后因冲动而起的"念头"和"行为"之间留出一点"间隙"。这也有助于让我们的"刹车"不要失灵。

也就是说,这一假说是能够成立的。使用正念可以让你的"刹车"更加好用,可以防止你的行为和意识因认知偏差而受到过分影响,防止你急于下结论。

不过令人遗憾的是,目前还没有发现"使用正念减少了'跳跃抵达结论'行为"的直接证据。

本书也正为读者做出一个"不要着急跳跃抵达结论"

的典范，因此对于"假说"和正念练习的效果，我们就讨论到这里为止吧。

无论如何，在进行正念练习时，让自己不明白的事情继续保持不明白的状态，这一点也很重要。

我认为，让不明白的事情继续保持不明白的状态，这本身就很像一种正念。

人生是由"行动模式"与"存在模式"共同组成的

通过正念练习，你也可以清楚区分"行动模式"和"存在模式"的不同。

所谓"行动模式"，就是将自己带往不同于当下现实的状态。

所谓"存在模式"，就是去感受当下存在的、当下正在做的事。

我们用"吃"来举个例子吧。

本书中已经几次提到的"缓慢品尝"这件事，就是"存在模式"。你处于把意识专注于当下、专注于眼前正在进餐这件事上的状态。

另一方面，当"行动模式"占上风时，即便你正在进行正念冥想，也会不断冒出各种念头："今天的晚饭做什么好呢？""那件工作还没解决啊。""这个冥想越来越让我觉得麻烦了。"你的意识开始变得更容易转向这些与呼吸无关的事。

人生就是持续不断的"当下"

其实人类所在的时间，就是"当下"这个瞬间，只是瞬间而已。我们活在一连串的"当下"里。

第4章 引入"正念",展开练习——思维篇

尽管如此,"行动模式"却是一种总想着必须快点结束当下,尽早赶往下一步的急躁状态。

搞定一顿饭、搞定准备工作、搞定洗澡……就像这样,任何事都想着赶紧"搞定、搞定、搞定",那么"当下"就仿佛成了通往"未来"的等候时间,当下的自己似乎也不是真正的自己了。

不论人如何将自己的意识专注于未来的目标或人生的下一步,人生的终局都是"死亡"。如果总是保持"行动模式",无法感受"当下",人在临死之前或许会想:"我这辈子到底是为什么而活的?"

最重要的是"当下"这个瞬间。这件事,希望人人都能尽早明白,而不必等到临死之前。

话虽如此,我也并不是在说"存在模式"就好,"行动模式"就坏。

在人生中,我们会有学业上或事业上的目标,也会期待假日的旅行,常常带着对未来的展望生活。那些都属于

"行动模式",它当然是很有必要的生活模式。

倒不如说,我们的生活可能更多的是处于"行动模式"中。

尽管如此,如果能在这样的日常生活中制造出一些属于"存在模式"的时间,我们对于人生的理解应该会发生一些改变吧。通过这样的方式,我们感受到幸福的时间或许会有所增加呢。

通过正念练习,我们可以增加自己处于"存在模式"的时间。

急躁的人容易发胖?

尽管我已经提到正念"可以让你对不明白的事置之不理""可以让你觉察到行动模式与存在模式",但对于其效果的说明或许还有些抽象。因此,为了说明它能够让人

第4章 引入"正念",展开练习——思维篇

获得什么样的效果,下面我来介绍几个具体的事例。

首先,是预防过度肥胖。

说起来,体型肥胖的人似乎常常悠闲而松弛,不太会给人急躁的印象。然而,与过度肥胖的相关研究表明,当被告知"如果现在马上要求获得报酬,可以得到1000日元;如果可以等待,将会得到1100日元"之后,在这些无法等待的人群中过度肥胖者的比例更高。

可以说,无法压制想吃的冲动,不能在用餐时慢慢品尝食物,这些特点可能与过度肥胖具有相关性。

因此,请比照正念练习中的"葡萄干练习法",尝试放慢进食速度,以此来稍稍压制自己"我想现在马上就吃"的心情吧。从结果来看,这样做可以预防过度发胖,也有助于节食减肥的成功。

松弛感

一招帮你"脱瘾"

其次，是减轻对手机的依赖。

无论如何也放不下手里的手机，这种人应该不在少数吧。放不下的理由，跟急性子们"容易感觉无聊""不善于面对无聊""无法压制冲动和不安的情绪"的特性是有关联的。

如果什么也不做，心就安定不下来；放下手机这段时间，要是有人联系我可怎么办……在这些情绪产生时，人就会把手伸向手机。

而如果你有正念这种心态的话，那么尽管它不能完全消除无聊和不安的情绪，但是在这类情绪发生的那个瞬间的间隙里，它能让你获得一种觉察，例如"现在我正在吃饭，还是先别看手机了"。

进一步说，这同样适用于烟酒。

例如，有些人尽管常听别人说"饮酒要适量"，却总

第 4 章 引入"正念",展开练习——思维篇

也做不到。

一旦发生什么不愉快就立刻拿起酒杯喝到烂醉,这种情况或许是因为这人过度地被消极情绪牵着鼻子走。其结果就是他常喝闷酒,还给身体带来了不良影响。

我并不是说,通过练习正念能够消除人们"我遇上了气人的事!我想喝酒!"这样的情绪。

不过,它能够在"我不能不喝!我要喝到忘了那件事为止"这样的念头产生之前制造一个间隙,让人不至于"喝闷酒",而是能停留在"适度饮酒"的范围之内。

综上所述,正念的效果既不是消除"想吃""想把手机拿在手上""想喝酒""想抽烟"的念头,也不是教人忍耐,而是让人在顺从于自己的情绪踏出下一步之前,能够产生"现在还是先不要"的想法。可以说,这就是正念的效果。

人的心理活动速度很快,欲望也很容易转移。

正因为如此,当某些消极的情绪涌上心头时,只要我

们别马上采取下一步行动，而是稍微留出点间隙，那么情绪就会一点点松弛下来。

将正念作为一种技能加以磨炼，我们就能在冲动或不安的那个瞬间稍作停顿，然后再采取下一步行动，进行下一步思考。

减少"手误"的多任务训练

最后，我想来谈一谈同时处理多项任务的"Multi-task Training——多任务训练"这一技能。尽管它与正念冥想略有不同，但如果对它加以磨炼，将有利于让我们的"刹车"保持功能良好。

在处理各种任务的时候，大脑会暂时保管、记忆必要的信息，这种大脑活动被称作"工作记忆"。有研究表明，这项大脑活动偏弱的人更容易像"手误"那样出错。

第4章 引入"正念",展开练习——思维篇

这一研究还表明,如果此时再加上一有消极情绪就立刻付诸行动的紧迫感,就会进一步增加"手误"的概率。

也就是说,如果工作记忆运转良好,人就不容易出现"手误",还能让急躁的情绪松弛下来。

在这里,我们就要说到多任务训练了。归根到底,人类的注意力容易很快就分散到别处。想要变得"能够觉察到自己的注意力分散了",需要进行正念冥想练习。

而同时处理多项任务的多任务训练,要求人必须把注意力分配给每一项任务,一边不时地察觉到这里或那里发生了什么,一边根据需要踩下"刹车"并完成这些任务。

针对一个焦虑者来说,我们原本希望他能沉下心来认真对待一件事,因此,同时推进好几件事的多任务训练是否适合焦虑者呢?这就有些微妙了。

然而,在"分配注意力"和"觉察"这两点上,如果他们能努力加以练习,或许可以改善"刹车"功能,帮助缓解急躁情绪呢。

第 5 章

等一等更顺滑
——人际关系篇

大概有不少人会觉得,跟我行我素的人一起工作或共同行动,真叫人心情烦躁。如果你发觉"我似乎常常处理不好人际关系",那说不定就是焦虑所导致的。

如果你觉得自己在职场、家庭或朋友等人际关系方面总是有些不协调的话,不妨尝试在思维方式和想法、行为上稍稍下点功夫。

那样一来,或许就能让你减少从前常有的急躁,变得松弛呢。

动不动就"下头"?

可以说,最容易看出急性子们在处理人际关系时的缺点的,要数"恋爱方面"了。

具体举例来说的话,首先是动不动就出轨、不断更换伴侣等情况。

比如,尽管刚刚开始交往不久,可有些人只要稍微发现对方的缺点,就会立刻陷入"这个人真讨厌!""我跟这个人交往是没有未来的!"之类的念头当中。

结果,他们就会把注意力转移到新的对象身上,跟别人出轨去了。这就是所谓的"青蛙化现象"。

这种类型的人，无法踏踏实实地与单一对象认真建立长久的关系。

一旦消极情绪涌上心间，他就无法对那股情绪置之不理，只会立刻在情绪驱使下采取行动。

可是，即便发觉了对方的缺点，也请不要立刻一门心思光觉得"讨厌"，而是记得先"停顿"一下试试看吧。

或者，你可以不时地跟对方拉开一点距离，考虑考虑"我尝试跟这个人认真交往下去吧"。

不必着急，只要慢慢地培养这样的心态和行为，那么不光是恋爱方面，整个人际关系都会有所缓和的。

怎么都遇不到好男人？

如果再列举一个焦虑者在恋爱方面的特征的话，那就要说到"容易招惹不良对象"这一点了。

第 5 章 等一等更顺滑——人际关系篇

这是因为被伴侣提出分手之后,他们无论如何也无法摆脱那种分外悲伤痛苦的心情。为了从那种心情中逃离,他们很容易不管不顾地向眼前随机出现的人飞扑过去。

那样一来,即便他跟那个人根本合不来,他也完全无法沉下心来认真考虑这一点,而是马上按心情采取行动,跟对方展开交往。

相反地,就算对方提出分手,这个人也可能会由于无法压制"我不想变成单身""我忍受不了没有伴侣的日子"等心情,哪怕对方对自己表示厌恶也迟迟不肯放手。

无论如何,浪漫的恋爱关系都是需要双方花费时间认真建立的。

不管多么爱对方,你都不可能百分之百地理解对方。重点是要将不理解对方这一常态作为前提接受,与对方交往下去。

那么,从下一页开始我要介绍一些方法,有助于理顺你与"急躁的自己"或"某个焦虑者"之间的关系。

请你时不时地练习一下我在第四章介绍过的正念冥想,尝试去面对急躁情绪吧。

人能维持的人际关系是有上限的

有些人因为人际关系而感到十分疲惫。一旦手机收到了联络消息,他们就会开始着急,心想"我得尽早回复"。应该有很多人做不到不看消息或已读不回吧。

在社交软件上也是,关注了许多人,也被许多人关注,整天为了回复他人的评论和留言而搞得自己筋疲力尽——这样的人也不鲜见。

如果过着这样的生活,那么一个人每天会跟多少个人打交道呢?

说不定,算上工作、家庭、朋友、兴趣爱好、社交软件……全部加起来,答案会是好几百人呢。

第 5 章 等一等更顺滑——人际关系篇

然而归根结底，人类大脑能够处理的人际网络规模，即可以清楚掌握的人数，据说是 150 人。

通过研究远古时代人类在热带草原生活过的遗迹，研究者发现聚居在一个部落里的人数往往就是 150 人左右。

从大脑处理能力的角度来说，这个数量恐怕就是人际关系网络的上限。

而且研究者认为，无论人类进化到什么程度，人脑能够处理的人际关系都不太可能出现显著的增长。

当然，在现在的社会中，通过社交软件关注几百人或被几百人关注，手机里存着几百人的联系方式，这些都是无可奈何的事情。

尽管如此，一个人能够清楚记得别人的长相、姓名、个性的数量，还是以 150 人为上限。

感到疲劳时，要在日程表上留白

我们先把自己实际交往的人数究竟多于150人，还是少于150人的问题放在一边，且看自己的每一天，如果你一直到处奔波去参加聚餐、聚会或线下见面会等活动，那你的身体可能已经要吃不消了。

归根到底，就算你有300个朋友和熟人，那也并不会获得双倍的幸福。

心理学的确认为，充实的人际关系有利于心理健康，但这与朋友的人数并没有多大关系。更为重要的是，人能否在人际关系中获得相互支持的感受。

正因为如此，我们没有任何必要勉强自己跟大量的人维持交往。

另外，类似"我得跟这个人联系一下""我得去见见那些人""我得看看社交软件上的更新"的想法，可以说是把跟很多人保持联系当成了"目的"。

也就是说，这属于"行动模式"的状态。

"我见的人可真多啊……""其实我可能有点儿累了……"当你察觉自己有这类念头时，就不要再过分扩大自己在社交软件上的交友圈了，试着在自己的日程表上留出一天的空白吧。这样一来，你应该就能觉察到珍惜当下的"存在模式"了。

做不到的事就果断放弃

"本周内你还有空余时间去完成这件工作吗？"

"今天好像有聚餐，你有空的话要不要一起来？"

"客户发出邀请说，本周末如果没有别的安排，要不要一起去打高尔夫球，你意下如何？"

像这样收到别人的请求或邀请，很多人往往无法拒绝。

手头必须完成的工作一旦增加，人们就会陷入"听牌状态",进而拖延工作。

而且,往往还容易产生"我被委派了重要的工作!""我非常能干!"之类的误解。

正因为这样,所以我们才会受到"我必须得去参加聚餐!""拒绝别人可不太好!"等情绪的逼迫,直接做出"即便勉强自己也要参加聚餐"的选择。

如果你对人际关系感觉疲惫,身体健康出了问题,那很有可能你在进行超出自己能力的过度社交。

对方问你的是:"你有空余时间吗?""有空的话要不要一起来?""如果你没有别的安排要不要来?"那就可以推测出,对方的意思并不是:"这件工作必须交给你做,否则我真的会很为难。""你不来参加聚餐可不行!""如果不答应客户一起去打球,就是对客户失敬!"在这种情况下,即便你表示拒绝,通常也不会影响你跟对方今后的关系。

请你不要认为"非我不可""不能拒绝"并立刻采取

行动，请你稍稍停顿片刻，想想"我应该怎么做"吧。那样一来，在焦虑模式发动之前，你或许能更加松弛地跟对方交往下去了。

不是别人太任性，而是自己太着急

在工作中，我们免不了要跟形形色色的人打交道。"不管我多么想快点把工作完成，团队里有的人老是慢慢悠悠不着急。""有好多工作是我希望工作上的后辈尽快掌握的，可那人我行我素，导致进度一直停滞不前。"类似这样的状况，对于急性子们来说应该是非常典型的令人烦躁的场景吧。

然而，这与其说是对方"我行我素"，不如说对方只不过偶然间成了"引发急躁情绪的刺激因素"而已。

例如，假设一位急性子先生在跟后辈们就新提案开

松弛感

"头脑风暴会",急性子先生在发言,一个接一个地抛出自己想到的点子。

另一边,某个后辈一直注视着虚空中的一点,迟迟提不出什么想法。等他终于说出一个想法,也表达得模糊不清,这在急性子看来可不太像话。

在这种时候,急性子先生逐渐开始烦躁起来,可能还会说出一些令现场气氛变得紧张的话:"你有没有好好想啊?""你就提不出更好的点子了吗?"

然而,"头脑风暴会"这样的场合原本是让大家自由抛出想法的,批评对方、让现场气氛变得紧张都是不可取的。可以说就因为急性子先生的一句话,这场"头脑风暴会"完全变了味道。

如果要我给常常面临这类局面的焦虑人士提个建议的话,那么首先得请你们意识到:"当我感到烦躁时,这份烦躁很容易从我的言行中流露出来。"

人在急躁情绪发作时容易犯错。因此,我建议你在感觉烦躁时尽量不要跟别人接触。

回到刚才那个"头脑风暴会"的场合,这种时候或许可以让大家中场休息一下,调整状态之后再重新开始。

人的心情常常跟自己以为的完全不同。重要的是,不要针对一瞬间的行为或一时所见而吹毛求疵。

远程办公,缓解焦虑

当远程办公逐渐成为现实时,很多人在自己的职场上和工作中已经不太跟人面对面地打交道。会议、磋商、研讨会等都完全可以通过在线形式召开。

另一方面,也有人认为人与人面对面才能更好地表达情绪,交流得更顺畅,从这个意义上来说,在线交流也可以被看作是带来"不便"的工具。

的确,在使用在线交流工具时,我们很难接收到对方的切身感受、情绪情感和微妙表达,这是它的弊端。另外,当多人同时发表意见时,与会者往往无法分辨出谁在说些什么,场面则变得难以收拾。因此,通过在线交流得出结果的速度也有可能变慢。

然而,比起面对面交流的优势,在线交流的这些稍显"不便"的地方对于焦虑者来说却是可以有效利用的。

在线磋商中,为了让自己跟别人的话语声不要发生重叠,与会者在想要发言时就必须稍作等待,直到对方把话讲完。

磋商的时间也是事先约定好的,所以与会者们都要避免一直说个不停。

也就是说,平常所欠缺的"稍等一下"这件事,在这时就自然地,或者说强制性地变成了一种必要。

第 5 章 等一等更顺滑——人际关系篇

特意使用不方便的工具来制造"延滞"

这一点并不仅限于在线会议。有些社交软件能够显示你发送的信息是否"已读",有些社交软件能够通过"点赞"看出哪些人看过你发布的投稿。与之相比,你发送的电子邮件并不会显示对方是否"已读",你打过去的电话对方也有可能不会马上接听——跟社交软件相比,电子邮件和电话就成了稍显不便的联络工具。

尽管如此,当你想要向谁传递什么消息的时候,不妨选择发送电子邮件或打电话,那样说不定会更好。

当有些人没有立刻收到回复时,很可能会怪罪对方,怀疑人家是不是在故意磨蹭。然而,如果他们不知道对方有没有看到电子邮件、有没有注意到来电显示,那他们就只能把"延滞"的责任怪到联络工具的头上啦。

尽管当今世界不断涌现出各种便利的工具,但也并不是说,我们传递给对方的信息一定是越多越好。工具和渠道，也不见得是越多越好。

焦虑的人很容易在意速度，在意对方的情绪。如果能自然地产生一些时间上的"延滞"，那么他们的情绪也会自然地冷却下来。因此，我推荐他们多多使用那些稍显不便的工具。

"倾听"不单单是认真听对方说话

有一个词语叫作"倾听"。所谓"倾听"，并不单单是把耳朵凑过去听人说话，而是全神贯注、原原本本地听取对方的话语。

例如，总是想给别人的话做些补充的人察觉到了自己的急躁，已经能够提醒自己好好听对方把话说完。

然而，他们一边听对方说话，一边心中浮现出一些想否定对方的念头："唔……有些地方语感不太对啊……"

第 5 章　等一等更顺滑——人际关系篇

在这种时刻，如果他们能够克制自己不要把心中否定的念头付诸言行，那才真正称得上"倾听"。

另外，如果我们冒出这种念头："原来如此！这个人想说的是这么回事儿啊！我懂了！"那么也不能被称为"倾听"。

这是因为，听了对方的话之后"百分之百、完全理解"这种事是不可能的。无论怎么认真听对方说话，我们都不可能分毫不差地理解别人在想什么。

即便我们对别人的话产生共鸣，也要保留一份觉悟：不论什么时候，别人的话里总有我们"不明白"的部分。这份觉悟是很重要的。

我们要注意的是，即便有意愿去理解，也理解了对方的话，在这个节点上，焦虑者的特征——陷入误解、妄下论断——也很容易发作。

不过，事实上倾听真的是一件很难的事。心理咨询师们都要花费数年时间接受专业训练，但即便如此，他们之中绝大多数人所能达到的程度也只不过是"我认为自己多多少少能够做到去倾听对方了"。

就算我们有意愿去理解对方的话语,也绝对无法达成完全理解对方的目标——请在明白这一点的前提下,努力尝试真正意义上的倾听吧。

"躁人"发"躁",速速远离

当你自己并不急躁,但你的朋友或职场上打交道的人是一个急性子,你要如何应对呢?"不知道为什么,对方似乎有些烦躁……"在这种时刻,不与之接触才是上策。

归根结底,急躁是一种很难改掉的性格特征。因此,当你感觉到对方对自己产生了烦躁情绪时,"什么也不做"是明智的选择。

有可能的话,就选择"不与之接触"。急性子无法一直等待一个不做反应的对手，所以他们很快就会掉头走开。

话虽如此，可要是遇上了更加过分的急性子，那又该怎么办呢？

举个例子，假设你在职场的上司是一个非常急躁、攻击性很强的人，你逃也逃不开，而且每当工作无法快速推进时，上司总会把责任怪罪到你头上。

如果任由这种相处模式继续下去，来自上司的攻击有可能会步步升级。当你遇到这种程度严重的急躁者时，改善你们的关系是不可能的，你可以认为自己是一名"受害者"。也就是说，这是一种霸凌。

恐怕在他人看来，程度严重的急躁者与你之间的关系完全是一种徒劳的内耗。我建议你避免与之一对一的场景，尽量选择有他人在场时跟他打交道吧。

顺带一提，我行我素的人往往不太在乎他人的看法，而急躁者却大都会在意他人的看法。从这个角度来说，选择有他人在场时跟他们打交道也会是一个有效的策略。

看着别人急躁,自己易被传染

人类是很容易被各种各样的影响所左右的。在电视、互联网、社交软件等媒介中,即便是并不确定的信息,也常常被用一种已成定论的方式传递出来。

尤其在社交软件上,由于发布信息时有字数限制,这一倾向或许更为强烈。

举个例子,假设有阴谋论者或持有偏激意见的人在网上发布了特别的信息。在那种情况下,只要你并不同意那些意见("哎呀,又是这个人,他说的话真是莫名其妙。"),你或许就会认为自己是个理性的人。

然而,你很有可能会被那些"妄下论断"的行事作风所影响。

当一个人想要了解什么事的时候,如果没有任何人发表关于那件事的任何言论,他就必须亲自去搜集信息。

然而,如果有形形色色的人通过形形色色的媒介直言快语地发布着各种信息,难免会有人认为:"算了,我还有什么必要自己动手搜集信息呢。"

面对大量信息,不去辨别正误、真伪,任由街头巷尾流传的信息牵着自己的鼻子走,这是被传染上了"跳跃抵达结论"的行事风格,而这种行事风格正是焦虑者的性格特征之一。

尤其是本身性格急躁的人,更加容易被其他人的行事风格所影响。当我们机械性地持续浏览电视或互联网上的各类信息时,应当提醒自己适可而止。

同为急性子,其实合不来

同样身为急躁的人在打交道时,由于彼此具有相似的性格特征,他们貌似更能够互相理解,但其实并非如此。

如果是一名急躁的人和一名我行我素的人,那就只是这个急性子自顾自地说上几句，只要那位我行我素的人不加以理睬，两者之间不会发展出大的纠纷。

但是，如果把双方都换成急性子的话，不难想象，他们很容易开始感到烦躁，最终争吵起来。

我们来假设一下，急性子认为，既然对方也是个急躁的人，那么应该能理解我的急性子吧，于是他提出了自己的建议："我认为这样实施效率更高，我们就按照我这个方法来做吧。"然而，对方也有自己的急脾气，也会提出："那我也有个建议，请你听听看……"结果就演变成双方的急躁情绪的碰撞。

因此，很遗憾，急性子很难跟另一个急性子达成相互理解。

第 5 章 等一等更顺滑——人际关系篇

游戏心理打通人际交往关

我们姑且不论对方到底是不是一个急性子,无论如何,我们总会遇上跟自己合不来的人。

在这种情况下,"保持距离""不去接触"当然很好,而我们接下来要介绍的是更为进阶的技巧。

那就是以打游戏的感觉去应对。

在游戏快到结尾时登场的最终 BOSS 都是非常难以对付的强敌,对不对?当你面前出现了合不来的人时,你要考虑的不是怎么办,而是像面对最终 BOSS 登场那样去思考:"强大的敌人出现了!""这真是个容易把人绊住的问题。""难度相当高呀!"

这个方法适用于这种场景:你愿意尝试去跟一个怎么都合不来的人达成"起码可以和平相处"的状态。当你愿意做出那种尝试的时候,就是游戏中象征角色人物升级的音乐声为你响起的时候。

松弛感

第 5 章 等一等更顺滑——人际关系篇

请你不妨带着这样一种心情去面对合不来的人："我处理人际关系的能力有没有升级呢？试试挑战下一个难度吧！"

如果这样还是行不通，你只要认为游戏的设定不适合你，或是自己的游戏水平还对付不了当前关卡就行了。

如果在职场上或学校里遇见了厉害的对手，那我们就像在游戏中一样，跟同伴一起考虑对策，说不定还会挺有意思的。

归根结底，请你仔细想想吧，职场上那些麻烦的人对你来说到底有多重要呢？或许，他们的存在对于你的人生来说根本无足轻重。

这样一想你就会察觉，没有必要把大量时间花费在那个人身上。

用打游戏的感觉让自己升级，抱着锻炼自己的想法顺其自然地跟对方打交道，这样就可以了。

松弛感

越是依赖别人，越会暴露急性子

欧美人通常表现出"相互独立的个人观念"，而日本人呢，正如本书在第一章里提到过的那样，则往往表现出"相互依存的个人观念"。欧美人把个人与个人之间明确地区分开，把他人与自己看作完全不同的个体。

而另一方面，日本人则认为自己存在于与周围的关系之中，自己被牢牢编织在人际关系网里。因此，我们具有为他人着想这一特征，也有人将"相互依存的个人观念"表达为"协同合作"，但实际上并非如此。

所谓的为他人着想，也就是大家互相时刻关注着彼此，因此个人就会很在意周围的环境。如此一来，反而形成了大家对待彼此非常严格的局面。

也就是说，不是个人按照自己的节奏去做事，而是大家无论在想法上还是在行动上都通过相互配合形成了相互依存的状态。

第 5 章　等一等更顺滑——人际关系篇

如果要问在如此紧密的人际关系中会发生什么，那么其中一个例子就是"霸凌"。在学校里，一个班里的人际关系越紧密，就越容易发生霸凌。

那些从城市搬到乡下之后遭到周围人排挤的事例，也可以说是源于同样的道理。与城市相比，乡下的人际关系往往更为紧密，人们在生活中需要互相帮衬。可以说，他们是在相互依存中生活，在生活中相互依存的，那么也就不难理解在这种关系中为何容易产生霸凌了。

日本人的这一特征很容易引发急躁情绪，也是导致人际关系紧绷的原因之一。

不要太在意周围的人，不要焦虑，与他人保持些许距离吧。

还有，请尝试花费时间跟一个对象踏踏实实地交往吧。只要留神这几点，我们或许就能将自己的人际关系往更好的方向发展。

结语

松弛感

当你闭上眼睛练习正念冥想的时候,有没有想到过:"咦?这不就跟坐禅一样吗?"或许还有人会想起小时候被大人罚坐时被迫正襟危坐的回忆。

确实如此,坐禅与正念冥想有着相似之处,而以佛法教导众生的佛陀也是通过不断重复地坚持实践各种苦行,才领悟到了"观察进而觉察"的重要性。

另外,历史上一位有名的哲学家名叫笛卡尔。在他的著作《沉思录》中,他记录了自己在冥想时对自己脑海中产生的想法进行持续观察的结果,以及他在冥想中明白的事。

除了笛卡尔之外,还有许许多多的哲学家留下了他们

结语

的研究成果。通过阅读他们的著作，我们能够感受到他们在各自不同的研究中有所发现时所获得的那种满足感。

提到佛法、哲学、冥想这些词，人们或许会认为有些难懂，但我认为它们都是在传达："去观察、去发现是多么令人愉快啊。"

在本书中，我为大家介绍了许多缓解焦虑情绪的方法，即便我们无法达到佛陀或笛卡尔那样的高度，也不妨全神贯注地观察自己的体验，抱着享受这种体验的想法，带着轻松的心情去面对焦虑情绪。

另外，或许有些读者是出于渴望改掉急躁性格的目的而选择这本书的，但在心理学上，急躁性格并不被看作是一种病态。

与其想着"要改掉急性子"，不如秉持着"多去品味日常生活"的想法，我想，那样更能缓和急躁情绪，还能让人在生活中品味出许多从前遗憾错过的味道呢。

人的心理非常复杂。本书关于急性子的解释也不全是直截了当的言论，或许有不少章节让人觉得拖泥带水。而我实在已经尽我所能，以易读易懂的方式来向大家介绍急性子和缓解焦虑情绪的方法。

然而选择所谓"易读易懂的书"，本身就可以看作是一种焦虑的体现。因为这类书忽略了对内容加以详细阐述的必要性，而去照顾文字简明易懂的必要性。这么说来，这本书真的是为急性子的人量身打造的。

对于急性子的人来说，最重要的是"觉察"和"保持距离"。如果你是急火火地快速读完了这本书，我希望你能全神贯注地再读一次。

我要送上我"不急不躁"的祝愿，希望每一个人都能更加松弛地度过每一天。

2024 年 3 月

杉浦义典